李剑平 王永先·著

FIVE DYNASTIES

WOOD
CONSTRUCTION

五代木构建筑

山西出版传媒集团
山西科学技术出版社
·太原·

中国木构建筑历史悠久，在材料选用、结构安排、平面处理和艺术造型等方面都有许多特点，其灵活便利的木框架结构在世界建筑中别具一格，并影响过若干国家和地区，充分体现了古代中国人的建筑智慧。古代能工巧匠把木材特性发挥到极致，创造了无数精美奇巧的木构建筑，其大木结构因斗栱、榫卯等具有若干伸缩余地，构成复杂、灵活并富有弹性的结构体系，在一定限度内可减少由地震所引起的危害。"墙倒屋不塌"这句古老的谚语，概括地指出了中国木构建筑框架式结构最重要的特点，展示了古代木构建筑在中华文明史中的广泛运用和高水平的技术成就。

中国历史上建造的宫殿、庙宇及民居木构建筑数量庞大，但因天灾人祸，元代前的木构建筑现大多已荡然无存。近年来的文物普查结果显示，中国一千年以前的唐、五代木构建筑仅存9座，宋、辽、金时期的不到170座，可谓凤毛麟角、稀世珍宝。现存文物建筑往往包含创建年代以及后世

WOODEN BUILDINGS IN FIVE DYNASTIES

重修、重建年代等诸多信息，它们有概念本质上的不同和结构上的明显差别，创建年代一般较早，而重修、重建年代则较晚。对于遗存至今的木结构建筑，我们主要以其现存主要梁架的时代归属来确定它的文物与历史价值。区别于一般古建筑、仿古建筑及复制品，早期古建筑遗存具有重要的科学价值、历史价值和艺术价值，是人类宝贵的文化遗产，不可逆转，不可再生。

五代时期木构建筑是继唐代建筑之后出现的过渡性建筑形式。由于唐代末期的政治衰败、安史之乱以及黄巢起义的影响和五代各割据政权的相互攻伐，五代及辽、宋时期多民族文化相互交融、综合发展，建筑技术处于探索、变革、融合的过渡时期，宫殿庙宇、城池民居等建筑大多受到严重损毁，加之后世的修葺和重建，能够在结构、形制、艺术上称之为五代建筑者，所剩无几。根据国家公布的全国重点文物保护单位名录所载，就全国而言，仅有山西龙门寺、镇国寺、大云院，

WOODEN BUILDINGS IN FIVE DYNASTIES

河北文庙，福建华林寺等5处遗存为五代时期的建筑，在研究唐、宋木构建筑承上启下的特定历史时期中，具有重要的历史价值。

我国遗存的这几座五代木结构建筑，虽然数量不多，但管中窥豹，也反映了五代木结构建筑在继承唐代建筑的基础上改革创新的一些大木作技术特征。

山西境内现存的几座五代建筑遗构分布于晋中及晋东南，其平梁之上均废弃唐代无蜀柱叉手平梁结构，平梁中间设驼峰，上立蜀柱，蜀柱头设栌斗、脊槫襻间捧节令栱及替木，叉手捧戗于令栱两侧。由于在平梁叉手中间增加了蜀柱，可以看作对称的两个直角三角形组合体，形成更加稳固的等腰三角形梁架结构。这一结构可视为对唐代平梁叉手结构形制的革命性创新，对后世木构建筑产生了深远的影响。

WOODEN BUILDINGS IN FIVE DYNASTIES

福州华林寺大殿平梁之上干脆不用叉手，而是在平梁中间安放三个大散斗，共同承托一个云形驼峰，驼峰上部挖出半圆凹槽，嵌入脊槫。在五代建筑中，这种不用叉手不用蜀柱的屋架形制较为罕见，是南方早期木构建筑中废除唐代叉手形制的特殊手法，从五代以后，唐式等腰三角形叉手结构在大木作形制中正式消亡。

　　五代建筑还首创"减柱造""移柱造"柱网布局，打破了传统对称均衡的平面柱网布列，遗构中较早的实例见于山西平顺大云院大佛殿以及福建华林寺大殿，即减去前内柱，增加殿内前向平面使用面积。大云院大佛殿首创了柱头普拍枋构件，形成更加稳定的柱头圈梁式结构。在所有唐五代建筑中，只有河北正定文庙大成殿的内柱不与山柱在一条柱列上，而是分别前后移动，扩大殿中部祭祀空间，灵活调整室内空间使用功能，成为早期建筑移柱造的大胆尝试。

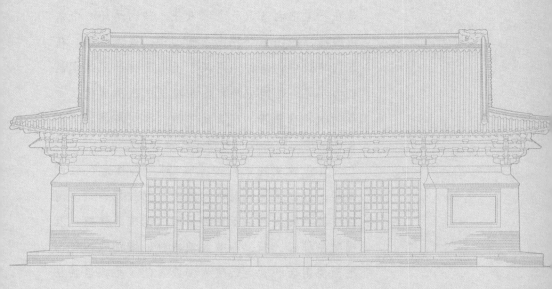

WOODEN BUILDINGS IN FIVE DYNASTIES

相较唐代单体木构建筑尺度大、跨度大、空间大、材份大的特点，五代建筑在技术上的进步是显而易见的。建筑的各种构件，特别是数以万计的斗栱构件，其形制、用料以及加工都已规格化、定型化，采用了模数标准化生产、组装技术，统一设计，统一尺寸，多地取材，就地分散加工，集中现场装配。因地制宜、因材制宜、高效快捷、成熟发达的木构建筑营造技术解决了大规模、大数量、大体量、大面积、大跨度、大空间要求的技术问题，解决了工程限期短、质量要求高的施工难题，极大地加快了施工速度，反映了设计与施工水平的提高、施工管理水平的进步，对建筑设计及整体营造技术的提高也有极大的促进作用。佛寺殿堂及厅堂建筑大木结构实例中，全部大木构件根据结构和实际所需进行加工，既合理又节省，这种制作方法后代一直沿用。五代时期出现的多种大木作技术、构件功能及规制形式等，为《营造法式》的总结成书奠定了坚实的基础，对后世建筑营造产生了极为深远的影响。

目录 ═ CONTENTS

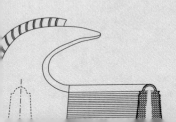

一

（壹） 平顺龙门寺西配殿

龙门寺鸟瞰

龙门寺坐落于山西省平顺县石城镇源头村龙门山上，距县城 54 千米。此寺创建于北齐天保年间（550—559），之后各代均有修葺与扩建。根据文献记载，龙门寺于五代时期的后唐及北宋时期曾经进行过大规模的建设，至北宋建隆元年（960）寺院规模达到极盛。

　　北齐属南北朝时期，为了维护统治，皇帝们大都推崇佛教。在这个时期，佛经得到了大量翻译，佛教徒增多，寺院建设兴盛，是自汉代佛教传入中土后的第一个高潮。

　　龙门寺现存建筑最早为后唐时期所建，早期的有宋、金、元时期建筑，加上晚期明、清时的建筑，共计 70 多间。此寺将五代至清各朝代建筑集于一寺，在国内十分少见。

西配殿三维俯视图

　　西配殿是龙门寺现存最古老的建筑，位于中轴线前院的西侧。根据文献记载，此殿创建于五代后唐同光三年（925）至清泰二年（935），是现存五代建筑中唯一一座悬山式遗构。

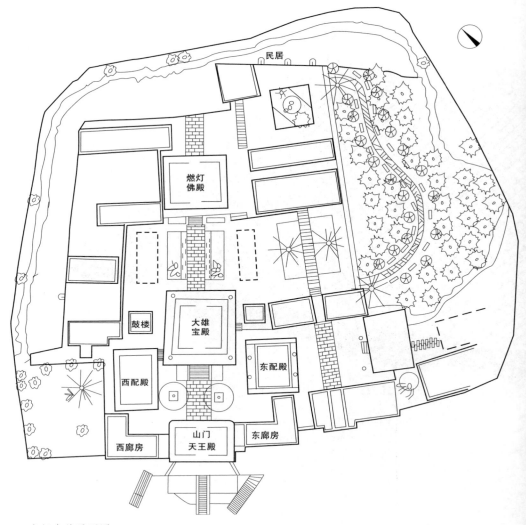

民居

燃灯
佛殿

鼓楼

大雄
宝殿

东配殿

西配殿

西廊房

山门
天王殿

东廊房

龙门寺总平面图

　　左右对称、突出中轴线建筑是中国古代建筑总体布
局的一大特征。对称美作为古代匠人始终不渝的审美取
向，被广泛应用于中国境内的绝大多数建筑中。

龙门寺整体依山势而建，朝向为坐东北朝西南，总体布局分为三条轴线，形成东、中、西三个主要建筑区域，沿各条轴线又分为前院、中院与后院，形成有主有次、错落有致、鳞次栉比的建筑空间布局。

　　中线主要建筑包括前院的山门、东西廊房、东西配殿、经幢、中殿、钟楼以及后院的东西僧舍、后殿；西线为前后四合院僧舍与库房等；东线建有圣僧堂、水陆殿以及禅堂、僧舍、马厩等建筑。

西配殿正立面

西配殿侧立面

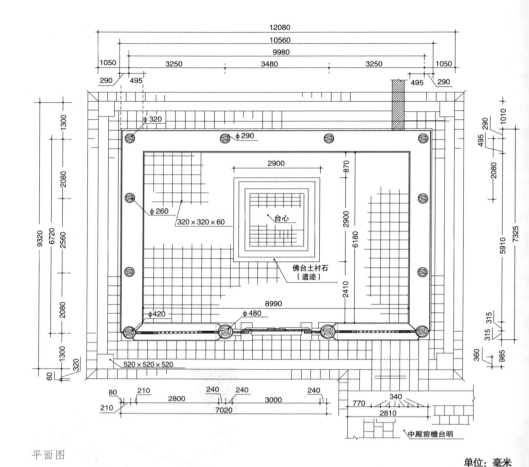

平面图

单位：毫米

　　早期建筑平面多呈方形的原因主要有两个：一是受使用功能的限制，开间较少，只有明间与次间设置；二是缺乏大规格的木材。到了明清时期，地方建筑进深尺度较小，两侧展开间数增多，平面多呈长方形。

一、平面布局

西配殿面阔三间，进深三间四椽，当心间面阔348厘米，次间325厘米，通面阔998厘米；进深方向，当心间为256厘米，次间208厘米，通进深672厘米。西配殿建在高20厘米的台基上，台基四周设角石，厚52厘米，52厘米见方，出泛水2厘米。殿内十字铺墁方砖，方砖尺寸为32厘米见方，厚6厘米。因台基较低，故不设踏步。殿内佛像虽然已不复存在，但仍保留有290厘米见方的佛坛。现存建筑四周均为砖墙封护，前檐为槛墙，平面接近方形，具有早期建筑的平面特征。

砖的使用为木构建筑提供了坚固耐久的建筑材料，其大范围使用开始于明代，之前大多用在佛塔和墓葬，或者只在下肩墙使用。

方砖早在西周就已经使用，当时只用于室内铺地，汉代大多用于墓室地面。历代建筑方砖铺地各有特点，比如唐代以前方砖为十字缝，宋以后改为十字错缝铺地。

悬鱼

惹草

山面四椽栿下驼峰结点

山面平梁、叉手结点

驼峰、平梁、托脚结点

二、立面造型

西配殿建筑分为台基、屋身、铺作层、屋顶四部分，为单檐悬山顶建筑，灰布筒板瓦屋顶，滴水为重唇板瓦。后人将原鸱吻更换为琉璃鸱吻，设瓦条脊，吞口脊刹，垂脊设蹲兽。西配殿生起6厘米，为两端升起的态势。两山出际为93厘米。

所谓灰布筒板瓦，指古代工匠在烧制前将瓦坯用麻布包裹，经火烧窑窨后，成品瓦表面出现布纹印迹，通体呈青灰色，故称"灰布瓦"。

正脊鸱吻已经不是五代时期的原件

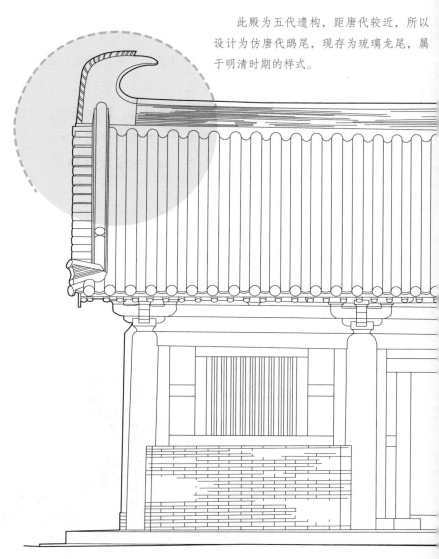

此殿为五代遗构，距唐代较近，所以设计为仿唐代鸱尾，现存为琉璃龙尾，属于明清时期的样式。

正立面图

五代木构建筑　平顺龙门寺西配殿　　　　013

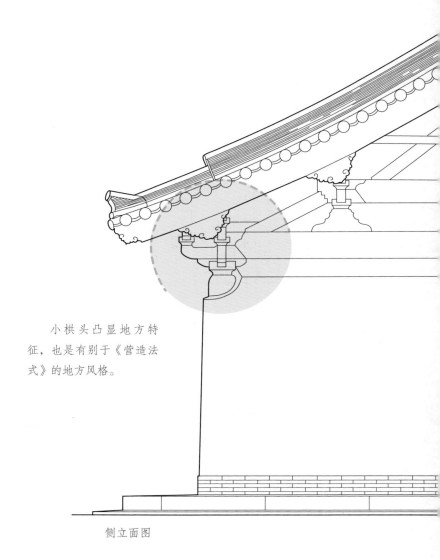

小栱头凸显地方特
征，也是有别于《营造法
式》的地方风格。

侧立面图

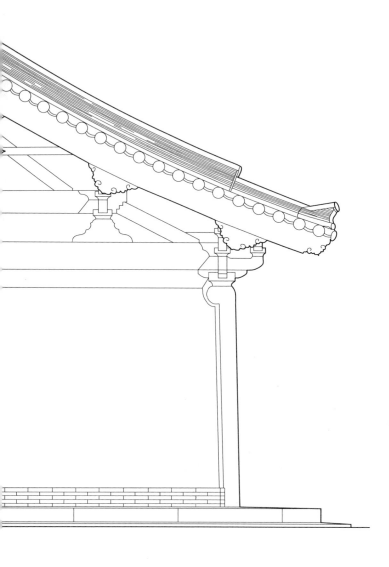

五代木构建筑　平顺龙门寺西配殿　　　015

三、梁架

1.横架

当心间梁架柱缝为四架椽屋通檐用二柱，柱头上承斗口跳斗栱，跳头承小斗替木，类似单斗只替形式，其上为撩风槫，衬方头两端分别支顶撩风槫与托脚。正心位置设素方3道，散斗重叠复置其间，五道槫檩，分别为脊槫、平槫、撩风槫。根据《营造法式》中的规定"凡撩檐枋，更不用撩风槫及替木"，似乎倾向于用撩檐枋。而在北方地区，特别是山西，早期建筑中采用撩风槫的实例很多。四椽栿两端做成出跳华栱，栿背上设驼峰支承平梁，两端为托脚，蜀柱立于驼峰之上，支顶脊槫。两道步架"架道不匀"，与《营造法式》记载的"架道不匀"相吻合。

西配殿的斗口跳与天台庵的斗口跳并不一样，其出跳下设一栱头。如果小栱头材高和出跳栱材高一致，则演变成出二跳五铺作偷心造。

西配殿梢间梁架 　　　　　　　　　　　　　　叉手、蜀柱结点

山面平梁与四椽栿

这里的掐瓣驼峰与《营造法式》规定的掐瓣驼峰基本一致，其"入瓣"颏度十分明显。

四椽栿直通前后檐，殿内无柱。四椽栿上驼峰托起平梁，平梁上施叉手、蜀柱，托起脊槫。

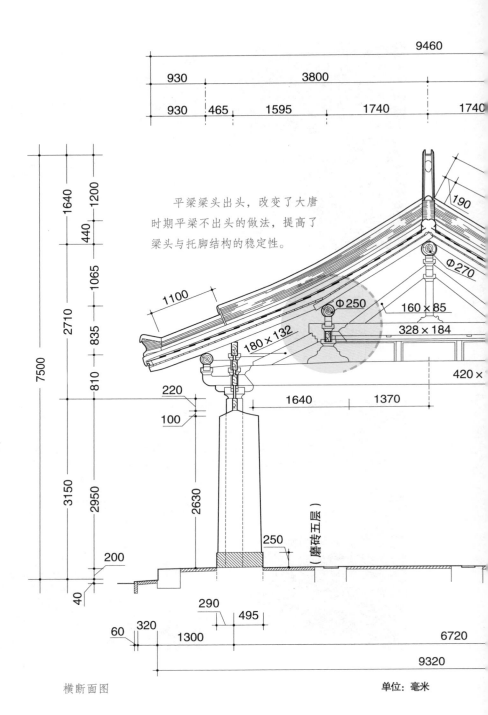

9460

930　3800

930　465　1595　1740　1740

1640　1200

440

1065

2710　835

7500

810

190

Φ270

1100

Φ250

160×85

328×184

180×132

420×

1640　1370

220

100

3150　2950

2630

（磨砖五层）

200

250

40

290

495

60　320

1300

6720

9320

平梁梁头出头，改变了大唐
时期平梁不出头的做法，提高了
梁头与托脚结构的稳定性。

横断面图

单位：毫米

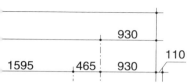

930

1595 · 465 · 930 · 110

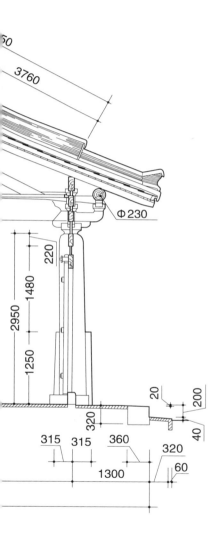

3760

Φ230

220

1480

2950

1250

320

20

200

40

315 · 315 · 360

320

1300

60

2. 纵架

（1）前纵架

当心间设板门，下槛墙为 25 层，其做法为灰砖砍磨、干摆。破子棂窗设于两梢间，柱头之上设栌斗出小栱头。小栱头位于四椽栿下皮，四椽栿承前后撩风槫，并通过驼峰等构件承托平梁，叉手与蜀柱置于平梁之上共同支顶脊槫。从材份制度分析，四椽栿明显大于平梁用材。《营造法式》记载："凡两头梢间，槫背上各安生头木。"但此殿并未设置生头木，其生起效果源于正脊中间凹两头翘的做法，与梁架结构没有关系。

灰砖砍磨是一道古建筑砖瓦材料加工程序。由于烧制砖出窑后均不规则，需要进行二次加工，即"砍砖"。

干摆是一种砌墙工艺，由干摆方法砌筑的墙面，其外檐砖缝无白灰。内檐砖缝填充白灰。除干摆外，砌墙工艺还有糙砌、淌白，丝缝等。

（2）后纵架

与前纵架结构相同，不设门窗，无槛墙。

后纵架平梁与平槫结点　　　　　　　　　　梢间纵架局部

西配殿是平梁出头做法最早的实例。　　　　　　　　　　驼峰、托脚结点
元代开始取消托脚支顶平梁梁头的做法，
托脚随之消失。

脊槫、后纵架结构

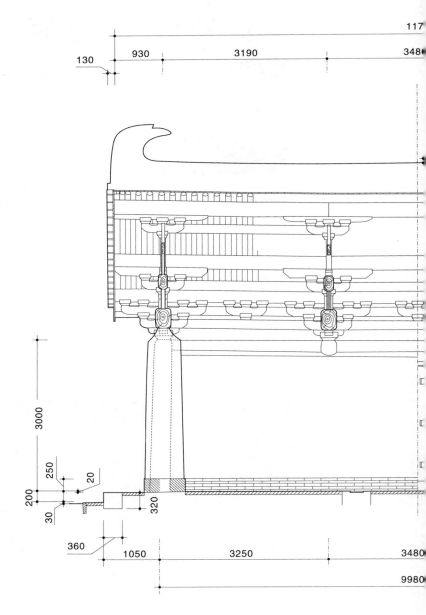

117

130　930　3190　348

3000

250　20

200

30

320

360　1050　3250　3480

9980

纵断面图（后视图和前视图）

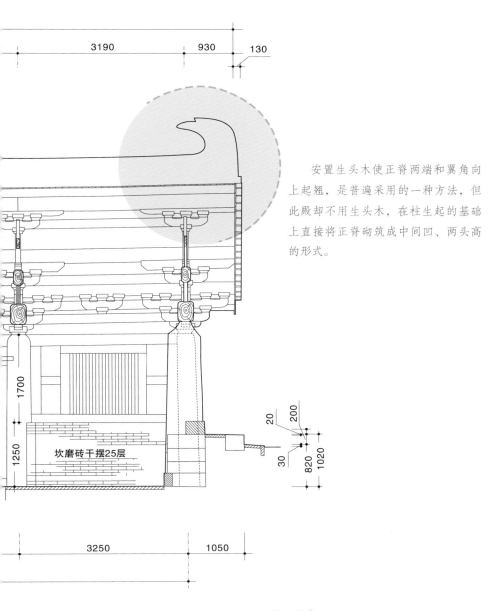

3190　930　130

安置生头木使正脊两端和翼角向上起翘，是普遍采用的一种方法，但此殿却不用生头木，在柱生起的基础上直接将正脊砌筑成中间凹、两头高的形式。

1700

1250

坎磨砖干摆25层

20　200

30　820　1020

3250　1050

单位：毫米

四、额枋

此殿不设普拍枋，阑额与柱头连接，至角柱不出头，与唐代建筑南禅寺大殿、佛光寺东大殿以及五代时期的华林寺大雄宝殿、镇国寺万佛殿等早期建筑相同。而不设普拍枋，则符合《营造法式》中关于单檐建筑的规定。

"普拍枋"是宋式名称，清式建筑称"平板坊"。早期建筑的普拍枋，与阑额呈"T"形结构，清中期平板枋与阑额呈"凸"字形，有着明显的区别。

五、襻间

此大殿的襻间较为简洁，当心间脊槫位置不设襻间枋，两次间各有一道襻间枋，这种结构称为"隔间相闪"，是早期建筑特征之一。平槫下三间通设襻间枋，襻间枋均为单材。

明清时期的官式建筑已经取消了襻间，但山西一带的地方建筑仍是襻间做法。

平槫下施襻间枋，平梁与四椽栿之间用板材封闭，实为罕见。　　　　　　　阑额与柱头

阑额至角柱不出头

西配殿前檐柱头卷杀

阑额是木构架四周设置的枋木，是连接柱子的重要构件，相当于现代建筑的圈梁。辽代始见阑额至角柱出头的做法，并一直延续至清。

卷杀出现在柱子里的做法，起源于史前文化陶器圆边。汉代的柱子卷杀十分普遍，这种做法一直沿用至清。

六、柱子

西配殿殿内无柱，殿四周设柱12根，每根柱子均有卷杀。4角柱高300厘米，平柱高295厘米，此做法使整个建筑两头高中间低，即所谓"柱生起"，其作用是稳定梁架，增强结构刚度。"柱生起"的做法至明清时消失。柱径与柱高之比约为1∶9，为早期建筑特征。从唐至清，柱径与柱高的比值逐渐加大，由最初的1∶8至1∶11，柱子由粗变细。

小柱头

前檐柱头斗栱侧视

　　建筑彩画是附属于木构架的一种艺术形式，起源于原始社会。常见的彩画有和玺彩画、旋子彩画、苏式彩画三种类型。地方画法也有一定的价值，西配殿的彩画属于地方画法，且留有早期彩画的痕迹。

小柱头
后尾

前檐柱头斗栱内视

七、铺作

此大殿的斗栱分为柱头斗栱、转角斗栱、补间斗栱与襻间斗栱四类。

1. 柱头斗栱

柱头斗栱为斗口跳形式，即单杪。小栱头自栌斗向四个方向伸出，外檐出一跳华栱，为四椽栿端头制作。华栱头承交互斗，交互斗承替木，与宋式单斗只替结构类似。里转不设栱件。柱头枋隐刻泥道栱与泥道慢栱，散斗于素方之间重复叠置。

加固铁槛和锣杆是文物保护的有效手段之一，尽管在整体上与原结构不甚统一，但是得以留存许多文物信息。

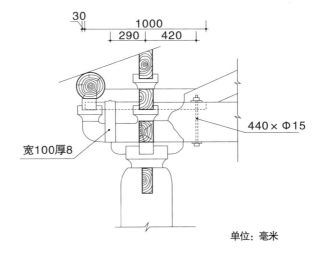

单位：毫米

前檐北平柱柱头斗栱

2. 转角斗栱

因此建筑为悬山式结构，不存在翼角做法，故转角斗栱与柱头斗栱结构相同。

转角斗栱

山面转角斗栱

后檐转角斗栱

3. 补间斗栱

补间斗栱为交互斗支令栱形式。令栱为隐刻，为斗栱组合中最基本的结构形式，清代称为"一斗三升"。这种简单形式至迟在汉代就已经成熟。

隐刻是指斗栱并非独立构件，而是刻制在枋木之上，不可以独立于枋木存在。早期建筑常常采用这种做法。

4. 襻间斗栱

位于脊槫之下的捧节令栱，承替木以及脊槫。当心间与次间柱缝上，均设有这种结构的斗栱。令栱之间为半栱连身对隐；平槫下捧节令栱与上述捧节令栱基本相同，不同的是，当心间与次间各间均设襻间枋，令栱两端均隐刻在通长的枋木上。

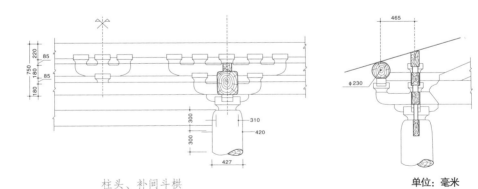

柱头、补间斗栱

单位：毫米

八、出际梁架

此大殿的出际为悬山式梁架结构，其出际与歇山结构不同。此殿的出际自前后檐角柱中向外出 93 厘米，襻间斗栱与替木均伸出柱缝之外。

山面出际

悬山式出际斗栱结点

山面出际檐椽乱搭头做法

后檐出际及斗栱

《营造法式》规定："……如两椽屋出二尺至二尺五寸，四椽屋出三尺至三尺五寸……"如果依唐尺计算，一尺为 31 厘米，此殿为四架椽屋，则出际尺寸与《营造法式》中的规定无异。

九、附属文物

西配殿的彩画分布于内檐梁架与外檐斗栱额枋等部位，从内容和色彩分析，此建筑的彩画是在原画作基础上多次重新绘制的。现存彩画线条古朴，大多已褪色，表现的内容主要为卷草纹、莲荷、宝相花、龙牙慧草、龙纹、柿蒂纹、联环锦地以及栱眼壁上人物等。

卷草纹、莲荷、柿蒂纹等植物图案，与《营造法式》中碾玉装彩画样式十分接近；而龙纹图案在建筑中使用则是在明清以后，此处两种图案共存的现象，恰好说明西配殿建筑彩画并非同一时代所作。

柱头上的龙纹图案

前檐枋木彩画

西配殿前的陀罗尼经幢，建于五代后汉
乾祐三年（950）

正脊龙吻

佛教传入中国后，常将经文写在
长筒形的绸伞上，此长筒形绸伞称为
经幢。出于长久保存的目的，佛徒将
经文刻在石柱上，称石经幢。考古学
界一般认为石经幢始于南北朝时期，
陀罗尼经刻制则出现于唐代。

西配殿的垂脊与金代的山门出檐构成
一幅动人的画面，如同两位不同时代
的老人穿越时空，在交流谈心。

山面悬鱼、惹草

赑屃鳌座碑的制式起源于
唐代，《营造法式》规定了赑
屃鳌座碑的制作尺寸。整个石
碑由碑首、碑身、鳌座三部分
组成，后世石碑均未脱离这种
模式。

赑屃鳌座碑

正脊狮子驮宝瓶脊刹

屋檐勾头滴水

早期的滴水瓦呈"⊔"形，并刻有绳纹，而元代以后大多为"∇"形，多为龙纹、花草纹等。

勾头滴水细部

勾头瓦也称"勾头""猫头"，在《营造法式》中被称"华头筒瓦"。"勾头瓦"出现于战国时期，不过当时为半圆瓦头，并刻有文字。秦汉时期多使用圆形瓦头，文字瓦头也有许多留存。唐宋时期以宝相花、莲花纹为代表，明清时期以龙纹、兽面、花草纹为主。

十、做法特点

1.柱头斗栱中的横栱为隐刻,即影栱。虽然此种斗栱为重栱造,但泥道栱之上的慢栱仍采取了延长做法,其长度为163厘米,远远大于《营造法式》中的规定,并且置4枚散斗,颇具特色。

所谓重栱造,即二层斗栱相叠形式,始于汉代,成熟于唐宋,比如宋式建筑中的泥道栱与泥道慢栱、瓜子栱与瓜子慢栱。

门簪

补间泥道栱与隐刻泥道慢栱、令栱

门簪的出现可能与汉代的门籍制度有关,据《史记·魏其武安侯列传》记载:"……太后除窦婴门籍,不得入朝请……"根据汉代门籍制度,出入宫门要与宫门口悬挂的"二尺竹牒"核对,门簪的前身很可能就是"二尺竹牒"。

后檐柱头斗栱、小栱头及替木

后檐撩风槫

无普拍枋，栌斗直接置于柱头，呈斗口跳，撩风槫下有短促的替木，并且一起伸出悬山。

2. 小栱头的设置。栌斗出华栱是斗栱构件组合的通常做法，但此处栌斗出小栱头，并且是十字相交，较为罕见。小栱头材高 10 厘米，厚 15 厘米，长 58 厘米。

3. 类似单斗只替形式。西配殿柱头斗栱承托撩风槫，为华栱跳头之上置一只交互斗，交互斗只出替木，形成类似于单斗只替结构支承撩风槫的构造。唐代使用类似于单斗只替的实例仅发现于芮城广仁王庙大殿和平顺天台庵大殿，这种自汉唐以来就已经使用的结构形式在西配殿中仍有使用，体现出其中的传承关系。

单斗只替是《营造法式》规定的梁柱作斗栱组合形式。这种做法与单斗承合栱、栌斗单栱造形式不同。其栌斗仅仅设置替木，而不设散斗。

西配殿虽然只有三开间，规模不大，但作为五代时期唯一一座悬山式建筑，对于研究中国早期悬山顶结构建筑具有重要意义。

一

平顺大云院大佛殿

大云院鸟瞰

扫码获取

☆ 高 清 大 图
☆ 知 识 测 试
☆ 建 筑 课 程
☆ 建 筑 赏 析

大云院位于山西省平顺县城西北 23 千米处的实会村北龙耳山中，三面环山，南临浊漳水，林木茂盛，僻静幽深，环境十分优美。此寺创建于五代后晋天福三年（938），原名仙岩院，太平兴国八年（983）奉敕易名为大云禅寺，至北宋建隆元年（960），寺内已建大小殿堂百余间，规模十分庞大，后因年久失修，逐渐荒废。1949 年后，国家不断拨款修复，寺院得到了保护。寺院现存建筑中，大佛殿与寺院外的七宝塔为五代建筑，其余皆为清代遗构。

"七宝"在佛教经文中指的是金、银、琉璃、砗磲、玛瑙、琥珀、珊瑚塔，七宝塔暗喻藏有"七宝"的佛塔，是否真有"七宝"，不得而知。

大佛殿也称弥陀殿，为大云院的正殿，也是寺院内最主要的殿宇，位于寺院的正中。大殿坐北朝南，沿中轴线布局，其前方为天王殿，即大云院的山门，殿后为三佛殿，两侧为厢房。

大佛殿侧后方远视

山门

大佛殿正立面

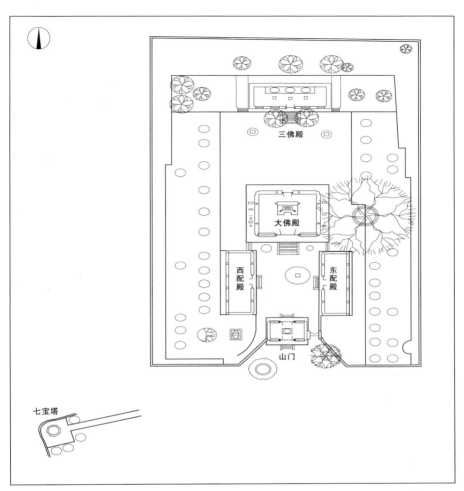

三佛殿

大佛殿

西配殿

东配殿

山门

七宝塔

大云院总平面图

大佛殿三维俯视图

五代木构建筑　平顺大云院大佛殿　　　　　045

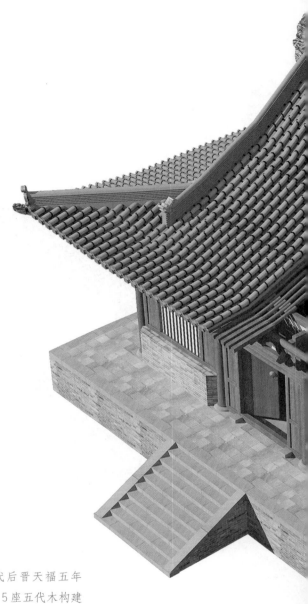

大佛殿创建于五代后晋天福五年
（940），是国内仅存的5座五代木构建
筑之一。

大佛殿三维剖视图

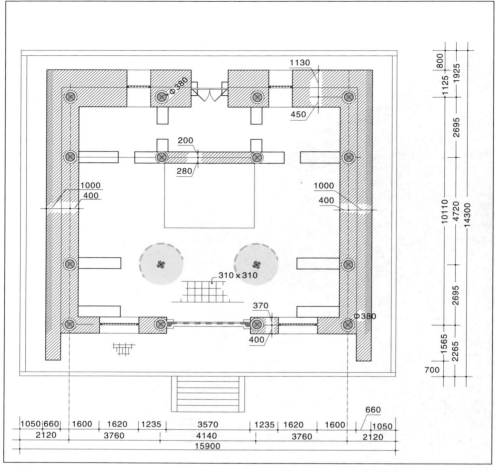

平面图　　　　　　　　　　　　　　　　　　　单位：毫米

　　"减柱造"始于我国辽代，宋金时期被普遍采用，但
此殿平面结构说明五代时就已经出现了"减柱造"做法。
明清时期，"减柱造"一度在官式建筑中消失，但在地方
做法中仍有保留。图中二柱为后人所加，原形制并无此
二柱。这是为了扩大使用面积而采用的"减柱造"做法。

一、平面布局

大佛殿建在正面高 1.3 米的台基上，后面和两侧随着地势增高砌筑，台基宽 15.91 米，深 14.3 米，平面近方形，显示出早期建筑特色。台明部分砌压沿石，台面上铺方砖，泛水 3 厘米。台基略有收分，台阶为 6 步，两侧设垂带石，宽 3.58 米。与通常所谓"垂不离柱"不同，虽然踏步设在当心间位置，但其宽度明显窄于当心间。

大殿面阔三间，进深四间六橼。当心间面阔 4.14 米，两侧次间面阔均为 3.76 米，通面阔 11.66 米，通进深 10.11 米。前后檐平柱 4 根，角柱 4 根，两山山柱 4 根，殿身内柱 4 根（前槽柱非原物），柱网布局为类似于殿堂形制的身内单槽结构。

大殿侧面博风悬鱼

翼角嫔伽

大佛殿背立面（其出檐之深远，举折之平缓，正是五代
建筑所具有的特点）

二、立面造型

　　大佛殿屋顶为单檐歇山顶，出檐深远，上覆灰布筒板瓦，鸱吻吞脊。两鸱吻为琉璃制品，从外形看已非原构，显然为后人更换。整个大殿沉稳厚重，典雅大方。

　　琉璃指经氧化铅为主的"釉药"涂刷，并经过高温烧制而成的陶制品，用于建筑上的有琉璃砖瓦、琉璃艺术品等。关于琉璃的使用年代有两种说法：一是三国时期；二是北魏时期。明清时期，琉璃制品普及，已大量用于重要建筑的附属构件中。

正脊龙吻

正立面图

此格子门已不是原有的面貌。这是典型的六抹隔扇，清代形制。格子门是最易于损毁和更换的部位，现存绝大数均经过后人修补或更换，与原建筑非属同时。

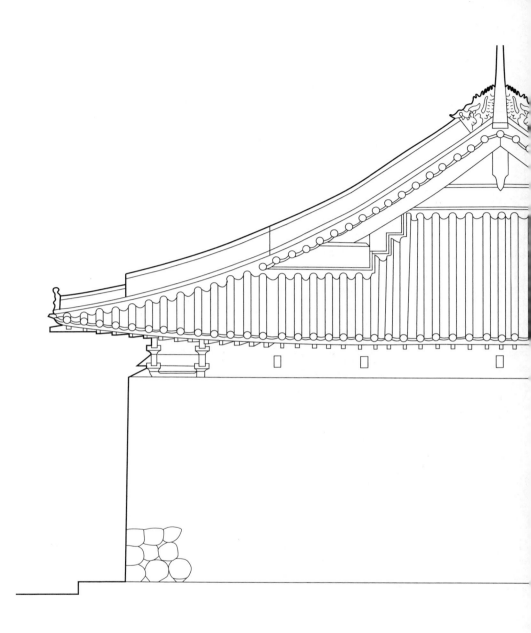

侧立面图

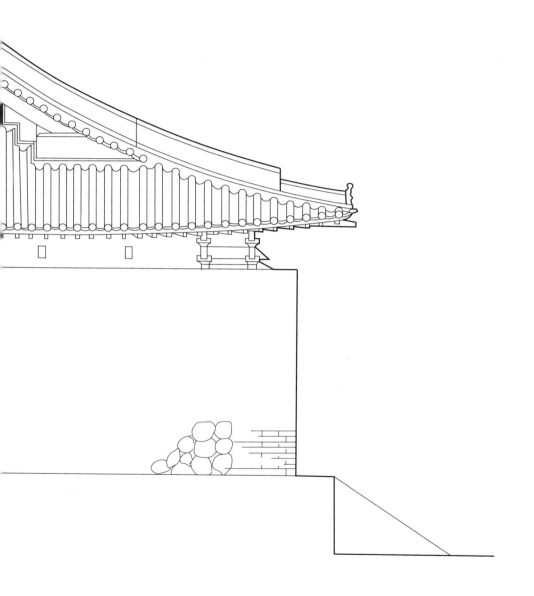

三、横断面梁架

此大殿梁架为四椽栿对乳栿通檐用三柱，平柱柱头上由普拍枋和阑额连接，之上为五铺作斗栱，内柱高于檐柱，显然为《营造法式》中记载的厅堂式建筑。四椽栿横架在平柱与内柱之上，两端分别由柱头铺作和内柱柱头十字令栱承托。乳栿由柱头铺作承载，后端则与四椽栿搭接，并由内柱柱头上的十字令栱承托。

所谓四椽栿，指的是上承四道椽子的梁栿。所谓乳栿，则是指上承二道椽子的梁栿，《工程做法则例》称其为"双步梁"。

四椽栿上设置四个驼峰。此驼峰在《营造法式》中有记载，为"掐瓣驼峰"。按照《营造法式》中的规定，为"屋内彻上明造"使用。四驼峰分别处于内柱柱头和四椽栿中段，驼峰支撑捧节令栱和下平槫。

平梁插入捧节令栱与替木中，其中间位置设蜀柱1根，其上为捧节令栱并承脊槫。值得一提的是，此大殿的蜀柱下端由方形木块支垫，此木块刻曲线，意似驼峰。现存最早的蜀柱发现于南禅寺大殿（20世纪70年代修复时被取消），在做法上与大佛殿中的几乎完全相同，说明二者的承袭关系。平梁之上设4根叉手，托脚跨过两道椽架并斜撑平梁梁头。与南方古建筑梁栿普遍用月梁造不同，此大殿四椽栿与平梁均为直梁造。

内部梁架采用彻上明造，其内部构件一览无余。

横向梁架透视

纵横梁架透视

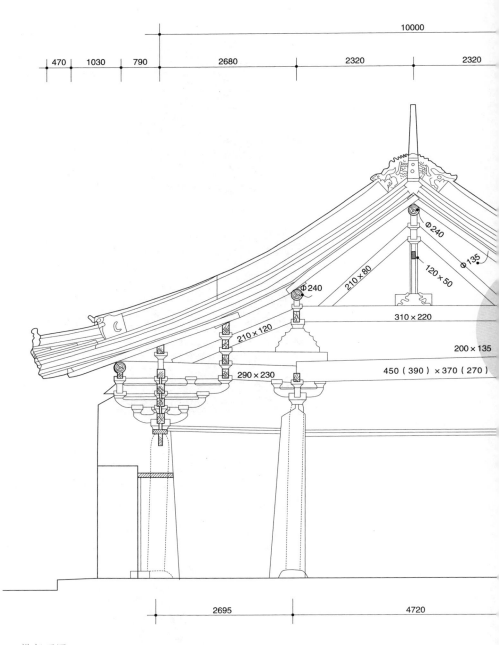

10000

| 470 | 1030 | 790 | 2680 | 2320 | 2320 |

Φ240

210×80

Φ135

120×50

Φ240

310×220

210×120

200×135

290×230

450（390）×370（270）

2695

4720

横断面图

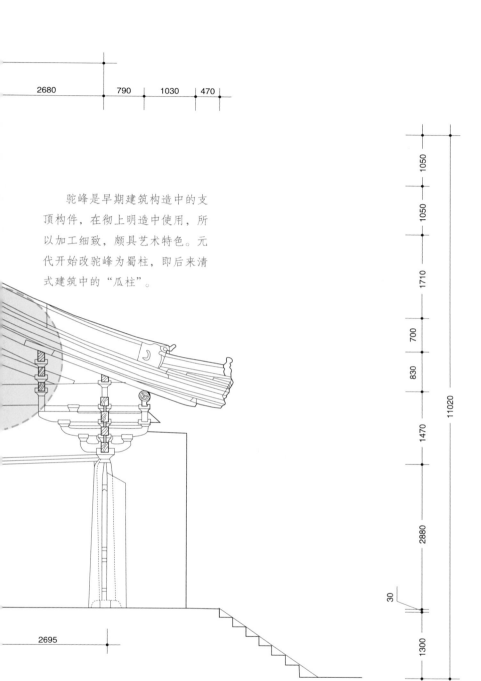

驼峰是早期建筑构造中的支顶构件，在彻上明造中使用，所以加工细致，颇具艺术特色。元代开始改驼峰为蜀柱，即后来清式建筑中的"瓜柱"。

2680 790 1030 470

1050

1050

1710

700

830

11020

1470

30

2880

2695

1300

单位：毫米

四、纵架

1. 前纵架

前檐平柱柱头上置斗栱1朵，上承四椽栿，次间补间斗栱1朵，位于次间偏向外的位置，采取非坐中的做法，与其他建筑有所不同。山面山柱柱头斗栱承柱头枋3道。柱头枋之间由令栱重叠支撑，丁栿上加缴背叠压于四椽栿上，其上为驼峰，支垫令栱承阑头栿。其高为32厘米，厚为23厘米。草架柱子立于出际梁架上，支撑令栱与脊槫。山面椽尾搭在承椽枋上，山面出两步椽。为保护出际梁架，后人在草架柱子和屋檐椽望之间斜撑木柱1根。

所谓"出际"，指的是悬山或者歇山式建筑屋顶中垂脊以外的部分，宋式建筑称为"华废"。有关出际做法的记载最早见于汉代，汉《甘泉赋》载："日月才经于枃桭。"枃桭即两际，两际即"废"。

前纵架透视

2. 后纵架

后纵架山柱柱头承斗栱1朵，次间补间斗栱与前纵架同样设置，偏向外，不坐中。与前纵架不同的是，后纵架丁栿平行置于四椽栿与撩风槫之间，两端分别由山面平柱柱头铺作和内柱柱头十字令栱承载。3道素方位于山面柱头正中位置，其空间由令栱重叠复置。耍头尾承3道襻间枋，令栱承托襻间枋，枋中重叠复置散斗，与前纵架相同。驼峰置于丁栿之上，出令栱承阑头栿，其上为叉手与蜀柱。与前纵架相同，蜀柱上为鸳鸯交手栱。后人出于保护的目的，在出际梁架部位设斜撑以支顶脊槫。

四椽栿压于斗栱之上，这与唐代建筑中梁栿端头制成华栱，插于斗栱铺作之中不同；五代之后，梁栿压于铺作之上，为直梁造，是北方早期厅堂式建筑的共同特点。

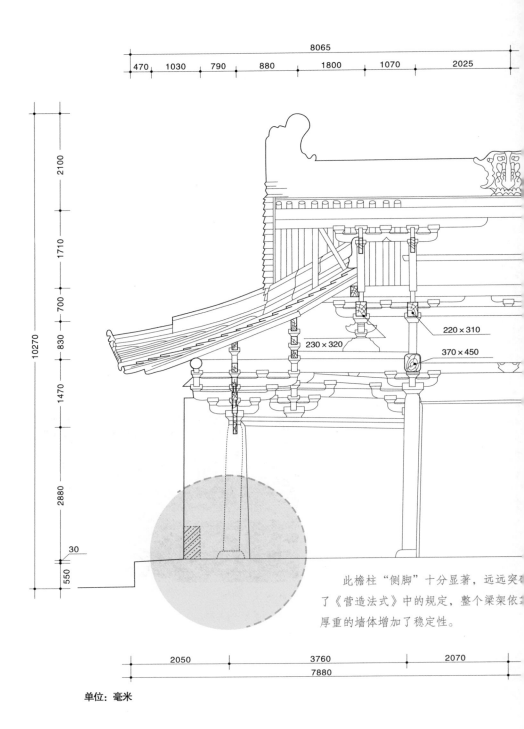

8065

| 470 | 1030 | 790 | 880 | 1800 | 1070 | 2025 |

2100

1710

700

830

1470

10270

220 × 310

230 × 320

370 × 450

2880

30

550

此檐柱"侧脚"十分显著，远远突破了《营造法式》中的规定，整个梁架依靠厚重的墙体增加了稳定性。

| 2050 | 3760 | 2070 |
7880

单位：毫米

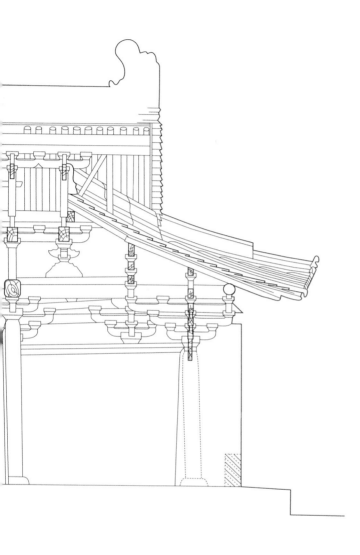

纵断面图

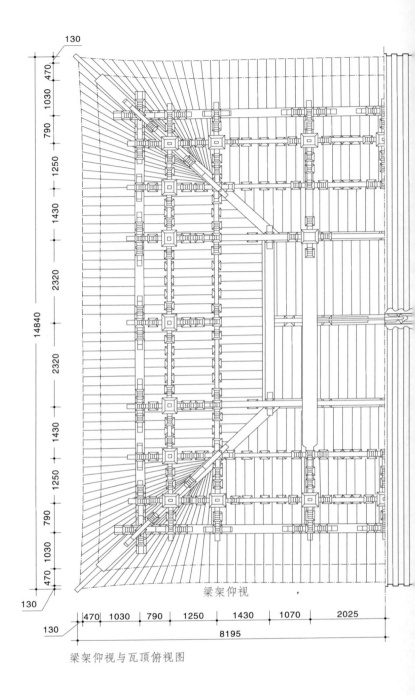

梁架仰视

梁架仰视与瓦顶俯视图

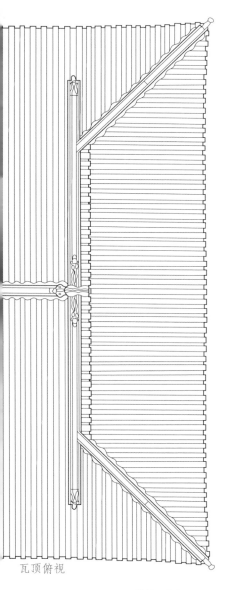

瓦顶俯视

单位：毫米

五、额枋

此大殿的周围设普拍枋和阑额，而普拍枋的使用则在汉族聚居地早期建筑中首次发现，普拍枋与阑额通过榫卯结构结合。从断面分析，二者呈"T"字形，普拍枋至角柱柱头出头，阑额不出头。这种既设普拍枋又设阑额的做法，在《营造法式》中专属于带平座的结构，而此大殿中二者兼有的做法，与《营造法式》中的记载显然不同。反观现存唐代建筑遗构，全部采取只设阑额而无普拍枋的做法。采用普拍枋与阑额的结构形式，增强了柱间连接刚度，比单纯使用阑额更具优势。因而辽、宋之后，建筑中几乎全部采用普拍枋与阑额的结构形式，可见此大殿对辽、宋建筑的启发作用。

前檐的阑额与普拍枋

古建筑木构架中的许多构件都经历过产生到消亡，消亡又复出的过程，比如蜀柱从汉代产生，到唐代消失，元以后又大量使用。而普拍枋从五代产生之后，经过长期使用，被证明是合理的构件，因此至清沿用不辍。

转角处阑额不出头

六、出际梁架

根据《营造法式》规定，平梁以外部分为出际梁架，即"槫至两梢间，两际各出柱头"，此部分又称"华废"。另据《营造法式》规定：厦两头造的悬山顶六椽屋，其出际"出三尺五寸至四尺"。此大殿为进深六椽，从平梁计算，向外至少出 280 厘米之多，显然不合宋制，但此殿为殿阁转角造，其"出际长随架"。匠人们在平梁以外增加阑头栿及其之上的构件组合，这种结构形制与唐建南禅寺大殿完全相同。

西侧梢间山面出际梁架

出际梁架

七、襻间

襻间位于殿内，襻间枋之间构成襻间空间。此大殿襻间前后里转耍头尾，支撑襻间枋。驼峰之上设襻间枋以及脊槫缝襻间枋，里转前后耍头上承托 3 道襻间枋，枋之间由令栱和散斗重叠复置。驼峰之上的襻间枋之间由单斗只替支承，脊槫位置的襻间枋则由鸳鸯交手令栱支承。

屋内襻间枋构成的襻间空间，其空间内置斗和横栱。

井干式建筑是人类最古老的建筑结构形式，层层枋木纵横交错，累木相叠，而襻间则与井干式形成的空间形式有着异曲同工之妙。从这个角度讲，襻间的形成与井干式结构应存在一定关系。

扫码获取
☆ 高 清 大 图
☆ 知 识 测 试
☆ 建 筑 课 程
☆ 建 筑 赏 析

八、柱子

　　此大殿的柱子原为 14 根，柱根底部直径 38 厘米，均由墙体围护，每根柱子均有明显的侧脚。檐柱柱高 2.88 米，阑额插入柱头榫卯，其上压普拍枋，内柱柱头上为十字令栱，柱高高于檐柱。与宋式厅堂建筑相同，柱头有卷杀，柱头上部卷杀直径与普拍枋等宽。柱头卷杀做法与《营造法式》中规定的梭柱卷杀不同，仅在上部做出，在北方地区的早期建筑中，此种做法实例较多。

　　柱子是抬梁式、穿斗式、干阑式等建筑形式中起重要承重和连接作用的不可缺少的构件，起源于古人"构木为巢"的树干。上述三种结构形式定型后，柱子演变出多种形式，如梭柱、束竹柱，方柱、瓜楞柱等等。

内柱柱头

柱础

九、铺作

此大殿的斗栱分为转角斗栱、补间斗栱、柱头斗栱、内柱柱头斗栱与襻间斗栱五类，分述如下。

1. 转角斗栱

此类斗栱共计4朵，山面外檐正身坐栌斗。出华栱二跳，头跳偷心，二跳上承令栱，令栱之上为替木，上承撩风槫。泥道栱与头跳华栱相列，足材，二跳华栱为素方，单材。正身两令栱为鸳鸯交手栱做法，十字相交，承替木与撩风槫。出45°斜栱，其中外檐出二跳，五铺作，头跳华栱足材，二跳为下昂，形制为批竹昂。为了避免下昂与交互斗相犯，下昂之下设垫木，下昂上设要头，形制为下昂式。要头后尾插入素方，下昂里转通过素方斜上插入内檐襻间枋，尾部出头。里转华栱为足材，承里转方形垫木。

铺作是对宋式建筑斗栱的称谓，有两个含义：一是根据位置不同而产生的不同称谓，如柱头铺作、补间铺作；二是斗栱的出跳数，如出跳为四铺作，二跳为五铺作。

外檐转角斗栱

殿内里转转角斗栱

值得注意的是，方形垫木承托一斜下方向上挑的木构件。此构件承托内檐五道素方，这种斜上的构件，初衷是为了减少内檐出跳构件，是斗栱简化做法，具有鲜明的地方特色。外檐出跳中至中为79厘米，里转出跳中至中为125厘米，明显大于外檐。

有些建筑在细部做法上不同于《营造法式》规定，在《工程做法则例》中也找不到依据，这些做法统称为地方做法。比如南方建筑中的"嫩戗发戗"，就是非常有代表性的地方做法。

转角斗栱与翼角椽飞共同构成此大殿的翼角部分

转角斗栱仰视

2. 补间斗栱

补间斗栱共计 12 朵，分别处于前后檐当心间、次间以及两山面当心间与次间。各开间均为 1 朵，显得檐下斗栱疏朗简约，为早期建筑通用做法。此类斗栱，外檐出二跳，偷心造。华栱均为单材，栱弯处出 4 瓣栱瓣，有内颤。二跳跳头上承令栱与撩风槫，批竹式耍头。里转出三杪，逐跳偷心。华栱均为单材之制，耍头后尾承挑令栱与 3 道素方，栌斗出泥道栱，上承隐刻泥道慢栱与令栱，即扶壁栱。

所谓补间斗栱，即两柱之间的组合斗栱，补间斗栱设置从无至有、从少到多，代表着不同的时代特征。

每个开间均设补间斗栱，虽然仅为一朵，却成为早期建筑补间斗栱的一个鲜活的例子。而当心间斗栱居中、次间补间斗栱不居中而偏向外的做法，更为人们称奇

外檐补间斗栱

外檐补间斗栱

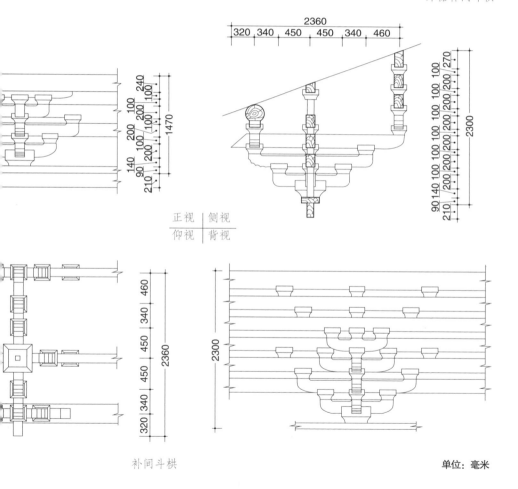

正视 | 侧视
仰视 | 背视

补间斗栱

单位：毫米

3. 柱头斗栱

柱头斗栱共计8朵，因位置不同，其内架结构形式也不同，但斗栱本身结构形制完全相同。所有柱头斗栱均出二跳，双杪无昂，偷心造，普拍枋坐栌斗，其下深与普拍枋厚相等。头跳华栱出栌斗，足材，材高30厘米，用材较大。

华栱栱端承交互斗，上承令栱与撩风槫，批竹昂形耍头。外檐出跳，头跳中至中为45厘米，二跳中之中为34厘米。里转出三跳，逐跳偷心，而在耍头尾部承一足材令栱，其上3道素方，散斗重复叠置。柱头中缝栌斗承泥道栱，上承隐刻泥道慢栱及令栱，4道素方与散斗重复叠置。前檐四椽栿搭压于柱头铺作之上，乳栿搭压于后檐柱头铺作之上，此类梁栿搭压式结构是对唐代插入式结构的改造和尝试。

足材是相对于单材而言。《营造法式》载："材上加梁者，谓之足材。"单材做法源于井干枋木叠压结构。因叠压的单材枋木之间形成空间，枋木极易折断，于是在单材枋木之间填充木材，单材和填充木材之和即为足材。

外檐柱头斗栱

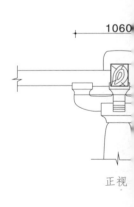

1060

正视

4.内柱柱头斗栱

内柱 2 根，柱头之上承十字令栱，单材与足材同时采用，栱端均有栱瓣。沿面阔方向，令栱承襻间枋；沿进深方向，令栱一端承四椽栿，另一端承乳栿。

内柱也称"金柱"，位于室内。内柱产生的原因有两个：一是当梁栿长度需对接乳栿或劄牵时，二是当室内空间进深尺寸扩大时。

前檐柱头斗栱

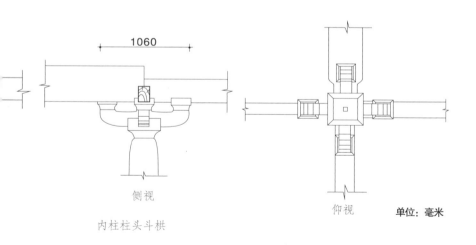

侧视

内柱柱头斗栱

仰视　　　　单位：毫米

5. 襻间斗栱

（1）在出际缝襻间中，有两组斗栱为驼峰承令栱，令栱上承散斗，承阑头枋与襻间枋，沿面阔方向驼峰之上出异形栱。在内柱头之间有一组斗栱与前述斗栱相似，只是在交互斗上承令栱。

（2）下平槫襻间，因襻间空间较小，故采用类似于单斗只替的做法，分为三斗长替和单斗短替两种做法。

（3）脊槫襻间斗栱位于出际缝，为令栱连做形式，令栱为单材，散斗承长替。

从这个角度看斗栱，明显的斗颅，突出的栱瓣尽收眼底。继南禅寺大殿、佛光寺东大殿后，令栱承替木再次出现，说明令栱承替木与交互斗承替木两种结构在唐五代建筑中共存。

十、彩画与壁画

殿内至今还保留有五代时期的壁画，其面积约为 20 平方米，主要为蓝、绿、赭三色，以墨线勾勒。斗栱与栱眼壁上的彩画尚可辨析，线条粗犷，风格古朴，为早期彩画作品。

栱眼壁画

五代壁画中的菩萨像，其造型、构图、线描明显承袭唐代风格，形象逼真，灵动鲜活，呼之欲出。

十一、建筑特点

1. 在唐五代时期的建筑中，大佛殿首次采用减柱造的做法，是唐五代时期减柱造做法的突出例证。

所谓"减柱造"，就是将室内柱子减少的造法。这种做法的目的是扩大室内使用面积。传统的做法是柱子对称排列，而"减柱"做法则打破了对称布局的局限性。

2. 出跳单材与足材混用。出跳华栱是建筑梁架的承重构件，大多为足材，而此大殿前檐柱头斗栱的二跳华栱却介于单材与足材之间，在其他早期建筑中少见。

3. 补间铺作二跳华栱栱瓣有明显的内颤，这种做法继承了南北朝时期的风格。内颤最早出现于北齐时期的建筑。太原天龙山石窟

宝塔上的石雕人物

五代时期的七宝塔

第16窟的补间泥道栱就是栱瓣内颛的典型做法。

4. 转角铺作头跳上出方形垫木。此垫木两端伸出，分别承下昂和斜下方材。早期建筑所见华头子，在形式上与此不同，但作用相同，因此，有人称之为类华头子。斜下的方木是其他早期建筑所没有的，就其位置而言，与上昂类似；就其作用而言，与下昂相近，应该属于地方做法。此大殿地处山区，材料缺乏，所以采取这种特殊做法。

上昂是斗栱组合中的构件，与下昂不同的是，"其昂头外出，昂身全斗收向里，并通过柱心"。上昂早于下昂出现，是古老的构件，汉文献有记载。现存上昂实物仅见于浙江天宁寺、江苏玄妙观等早期建筑中。

前檐柱头斗栱与四椽栿结点

5. 继唐代建筑之后，此大殿首次使用了普拍枋，开后世柱间使用普拍枋之先河，而且首次使用普拍枋出头做法，但柱间阑额到角柱仍不出头，保持了在它之前所有建筑的风格。结构上，普拍枋与阑额的结合，是古代木构形成框架体系的一个重要表现。

6. 殿内仍保留五代时期的壁画，十分难得。另外，寺院外建有七宝塔一座，为五代后周显德元年（954）所建。殿内保存有五代时期的石雕香炉、北宋石经幢和石雕罗汉一尊，极具文物价值和艺术价值。

罗汉为佛教经文中的人物。常见的组合有十六罗汉、十八罗汉、五百罗汉等，《阿弥陀经》载："非是算数之所能知。"因此，罗汉的数目应是无限定的。

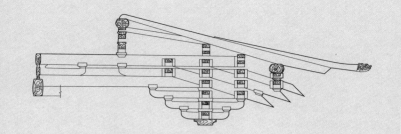

一

镇国寺鸟瞰

扫码获取

☆ 高 清 大 图
☆ 知 识 测 试
☆ 建 筑 课 程
☆ 建 筑 赏 析

镇国寺位于山西省平遥县城北郝洞村，原名京城寺，创建于五代北汉天会七年（963），于金天德三年（1151）、清雍正九年（1731）、清乾隆二十九年（1764）以及清嘉庆年间多次修葺。明嘉靖十九年（1540）修缮时，将京城寺改名为镇国寺。

镇国寺万佛殿

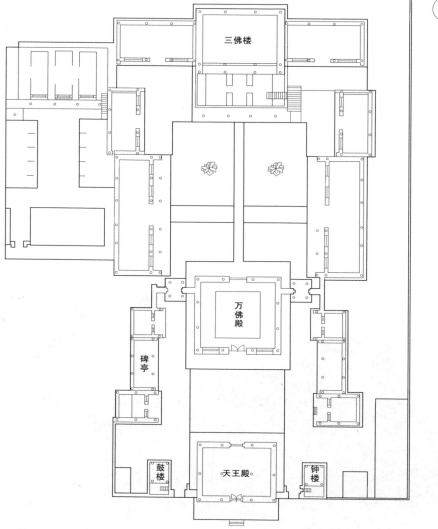

镇国寺总平面图

坐北朝南是北方古建筑十分常见的朝向。这主要有两个原因：一是传统观念中北为主为尊位，二是避风向阳采光好。但也有些建筑朝向与上述不同，如佛光寺是坐东朝西的。

寺院建筑坐北朝南，分为前后两进院落，万佛殿居中。沿中轴线由南至北，依次建有天王殿、钟鼓二楼，前院建有东西配房（东有二郎庙、东碑亭、三灵侯祠；西有土地殿、西碑亭、福财神殿），后院建有三佛楼、东配殿观音殿、西配殿地藏殿、东西厢房以及东西经堂。整个寺院占地面积13328.6平方米，建筑面积1701.7平方米。

寺内现存建筑中除万佛殿以及殿内的彩塑为五代时期遗物外，其余建筑均保留有明清时期建筑风格。

山门

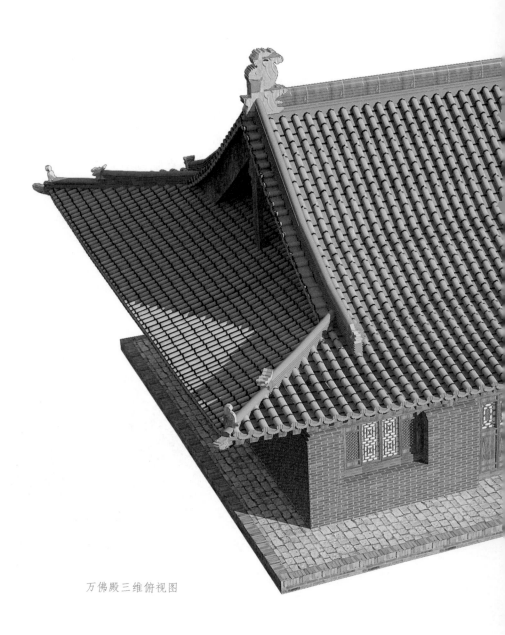

万佛殿三维俯视图

　　大佛殿全部用烧制黏土砖砌筑墙体。五代
时期，作为一座地方小型寺庙，应该没有经济
能力全部使用黏土砖砌墙。因此,这些砖砌墙体,
应是明清时期或更晚砌筑的。

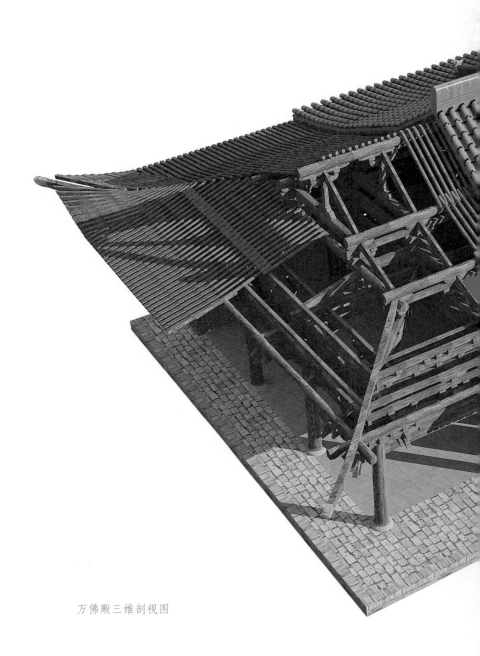

万佛殿三维剖视图

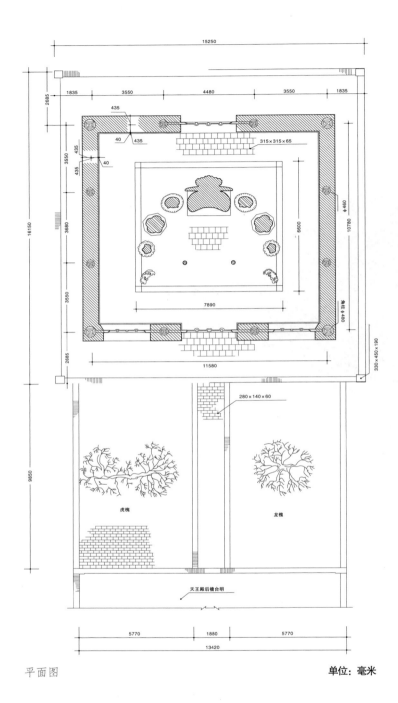

平面图

单位：毫米

一、平面布局

万佛殿面阔三间，进深三间六椽，平面近似正方形，与许多早期建筑相同。万佛殿用檐柱 12 根，无身内柱。从柱中到柱中测量，此大殿当心间面阔 448 厘米，次间面阔 355 厘米，通面阔 1 158 厘米；进深方向，当心间深 368 厘米，次间深 355 厘米，通进深 1 078 厘米，殿内设佛坛，立塑像。

此大殿建在较低矮的砖砌台基上，压沿部位不用阶条石，而用灰砖，采用单砖立置糙砌做法，转角部分施用角石，用砖筑砌台基，符合《营造法式》中"全砌阶基之制用砖"的做法。《营造法式》中还规定："殿堂亭榭阶高四尺以下者用二砖相并；高……相并。"这里的"相并"，即指此大殿阶基的单砖立置筑砌。万佛殿虽经后世维修，但还是保留了早期的做法。

用砖筑砌是台基边沿的做法之一，而比较常见的做法则是使用条石铺砌。《营造法式》中不但规定了砖砌台基，还规定了条石台基。如"压阑石"按照"长三尺，广二尺，厚六寸"的规定制作，"压阑石"即条石，明清时期称之为"阶条石"。

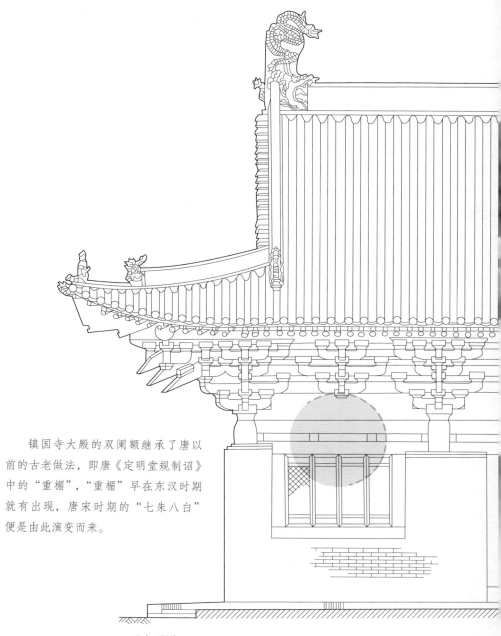

镇国寺大殿的双阑额继承了唐以
前的古老做法，即唐《定明堂规制诏》
中的"重楣"，"重楣"早在东汉时期
就有出现，唐宋时期的"七朱八白"
便是由此演变而来。

正立面图

五代木构建筑　平遥镇国寺万佛殿

侧立面图

翼角起翘展现了古建筑屋顶舒展飘逸的风格。《诗经》中用"作庙翼翼"比喻古建筑的翼角像鸟的翅膀一样。"角翘"这种做法最早可以追溯到西周时期。现存南方地方做法中的翼角，常常采用"嫩戗发戗"的技术进行施工；北方地区的角翘构成组件为大角梁、子角梁以及生头木。

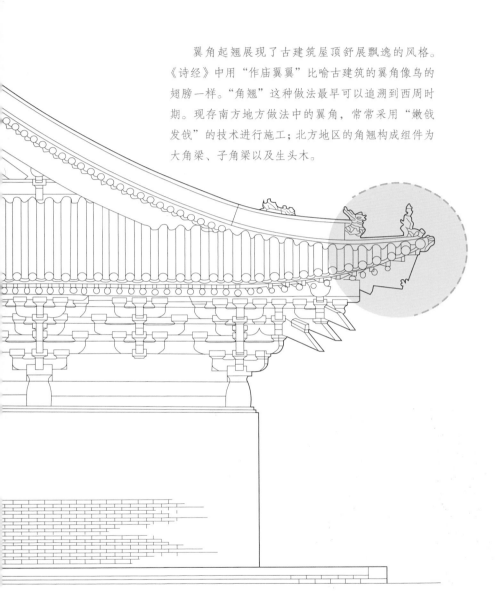

二、立面造型

万佛殿屋顶为单檐歇山顶，即《营造法式》中的"厦两头造"，鸱吻、嫔伽与正脊均为琉璃制品，脊筒子，灰布筒板瓦顶。整个大殿出檐深远，古朴凝重，庄重典雅。

三、梁架

1. 横断面

此大殿为抬梁式结构。当心间梁架缝显示，此大殿梁架为六架椽屋通檐用二柱，屋内梁架为彻上明造，直梁造。四周檐柱支承斗栱铺作，柱头间用阑额与由额连接。七铺作斗栱承托槫檩构架，铺作高度为187厘米，占柱高的70%以上，与唐代建筑铺作与柱子的高度比例相近。斗栱为七铺作双杪双昂隔跳偷心，外檐出跳承托素方2道和撩风槫，内檐出跳承六椽栿，其上出令栱承襻间枋，正心则设6道素方，散斗于素方之间重复叠置。底层六椽栿前后端插入前后檐柱头铺作之中，两道昂尾穿过正心素方，直达上层六椽栿底皮。平梁、四椽栿、六椽栿之间由隔架斗栱承托，平梁之上设蜀柱和叉手，各

横向梁架及梁架题记

梁栿端头均由托脚支顶。七道槫檩分别为脊槫、上平槫、下平槫、撩风槫，架道分布不匀。

2. 纵断面

前后纵断面结构相同。檐柱柱头承七铺作斗栱，山面外檐出跳，跳头上承素方，四跳跳头承撩风槫，至角十字相交，其上设生头木，里跳偷心，承素方1道，正心承素方6道，里转角华栱承角乳栿。丁栿一端插入铺作，另一端与上层六椽栿结合；丁栿之上设斜撑与屋内梁架相联系，老角梁尾插入出际下平槫之下，子角梁长度直达正心位置，出檐长占老角梁的二分之一；隐角梁则在下平槫之上，与后世扣金造相似。两山山柱之上设斗栱，里转出二跳，承六椽栿。隔架斗栱承上层六椽栿、四椽栿与平梁，蜀柱叉手置于平梁之上，其上坐令栱支短替与脊槫。山面补间斗栱1朵，出二跳。

角梁与槫檩之间的结构关系有三种不同表现：一是压金造，二是挑金造，三是扣金造。"金"即槫檩。早期建筑以压金造为多见。由于压金造的结构不够稳定，因此常常成为翼角损毁的主要原因之一。

梁架及梁架题记

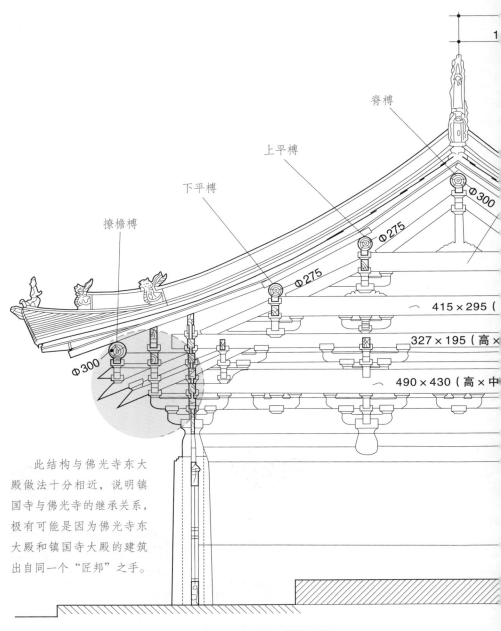

脊槫

上平槫

下平槫

撩檐槫

Φ300

Φ275

Φ275

Φ300

415×295（

327×195（高×

490×430（高×中

　此结构与佛光寺东大
殿做法十分相近，说明镇
国寺与佛光寺的继承关系，
极有可能是因为佛光寺东
大殿和镇国寺大殿的建筑
出自同一个"匠邦"之手。

横断面图

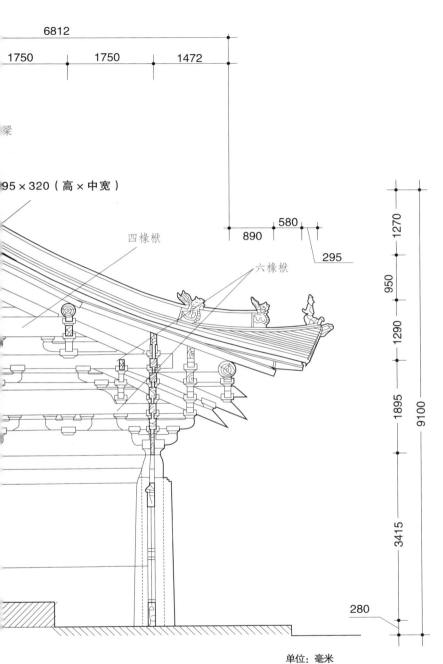

6812

1750 1750 1472

梁

95 × 320（高 × 中宽）

四椽栿

六椽栿

580

890

295

1270

950

1290

1895

9100

3415

280

单位：毫米

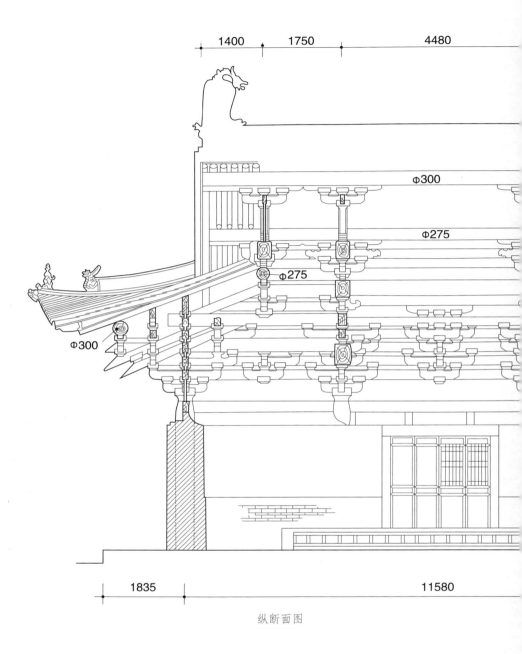

1400　1750　4480

Φ300

Φ275

Φ275

Φ300

1835　11580

纵断面图

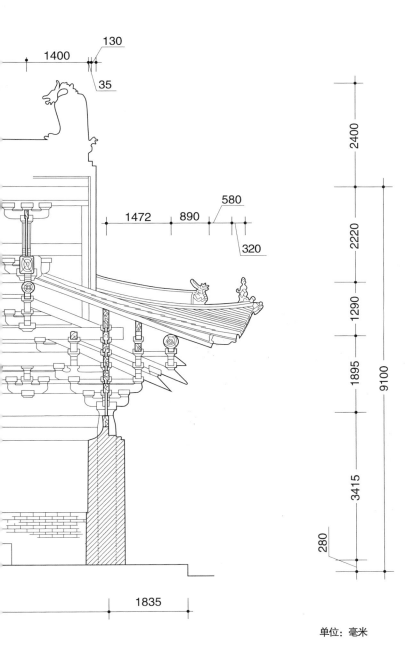

1400

130

35

1472 890 580

320

2400

2220

1290

1895

9100

3415

280

1835

单位：毫米

四、额枋

此大殿不设普拍枋，由阑额与由额构成，阑额与由额之间以由额垫板结合。据《营造法式》中的规定，普拍枋是有平座的建筑才具有的构件，这里不设普拍枋与宋制相符。

万佛殿的阑额与由额结构上与《营造法式》相同，但用材明显小于《营造法式》中的规定。这种阑额与由额结合的形式，早在陕西西安大雁塔门楣石刻所示的佛殿形象中就有，其手法近似。阑额与由额的结构形制，影响到明清时期的建筑，特别是官式建筑，成为这个时期官式建筑的固有做法。

转角处的阑额与由额（不设普拍枋）

补间斗栱的做法与唐佛光
寺东大殿相近。

五、柱子

万佛殿周围用 12 根柱子，殿内无内柱，均包在墙体之间，柱头卷杀。经勘测得知，四角柱略粗。所有柱子向内侧脚，前后檐与两山柱子有生起，而在明清时期无生起这种做法。

《营造法式》中提道："凡立柱，并令柱首微收向内，柱脚微出向外。"此大殿柱子的侧脚符合这一规定。卷杀之制在明清官式建筑中已经消失，但在南方民间建筑中尚可找到痕迹。

卷杀，即柱头圆弧做法。其出现可能有两个原因：一是模仿树木向上生长的自然现象，二是匠人为了追求和斗栱的统一协调而采取的做法。

前檐柱

六、铺作

此大殿斗栱分为柱头斗栱、补间斗栱、转角斗栱、隔架斗栱和襻间斗栱等形式。

1.柱头斗栱

柱头斗栱使用于前后檐和两山位置，结构相同。前后檐柱头斗栱尾部承六椽栿，两山柱头斗栱尾部承丁栿。柱头斗栱外檐为七铺作双杪双下昂，头跳偷心，二跳计心，三跳偷心，四跳跳头承令栱、替木以及撩风槫，为隔跳偷心做法。

上下栱重叠复置，就是专业术语中的"重栱造"。此做法最早出现在两汉时期，现存最早的重栱造发现于佛光寺东大殿。

内檐柱头斗栱

连续出跳的六铺作

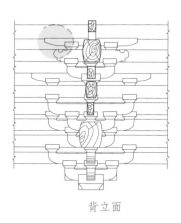

背立面

前檐柱头斗栱为出双杪双下昂

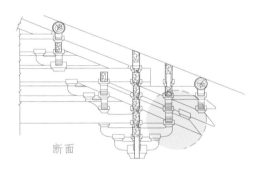

断面

此处异形栱作为令栱的
做法极为罕见，也为这座大
殿平添了几分艺术特色。

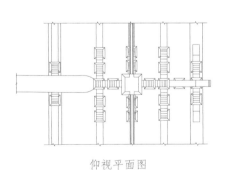

仰视平面图

山面柱头斗栱

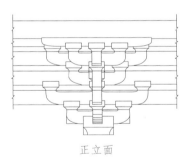

正立面

2. 转角斗栱

角柱上置转角斗栱，共4朵，结构相同。正身斗栱为七铺作出四跳，隔跳偷心，与柱头斗栱相同；二跳跳头承瓜子栱与瓜子慢栱，上承罗汉枋，衬方头置于撩风槫与素方之间，双下昂均为批竹昂，下层昂面置斜交互斗，上层昂置交互斗承托令栱与撩风槫，出昂形耍头；二跳华栱与泥道栱及泥道慢栱相列。45°斜栱外檐出四跳，隔跳偷心；二跳华栱承十字相交瓜子栱与瓜子慢栱，上承素方，下层昂承斜交互斗，上层昂承十字相交令栱，其上为十字相交撩风槫，即《营造法式》中的"由昂"。耍头为批竹式。昂尾穿过正心枋，斜向上至上层斜乳栿下皮。耍头尾与昂具有同样作用，承上层递角栿。与昂不同的是，耍头未穿过正心枋，而位于外檐。里转出三跳华栱，逐跳偷心，第三跳至下层递角栿下皮。

转角斗栱仰视

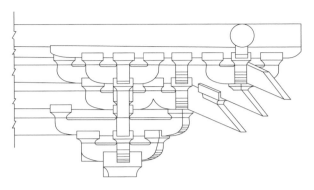

转角斗栱正面图

转角与补间斗栱

3. 补间斗栱

前后檐与两山补间斗栱为 12 朵，每间设 1 朵，布局疏朗，颇具早期建筑风格。双杪无昂，五铺作偷心造。经勘测，此组斗栱不设栌斗，交互斗下为蜀柱，结合成斗子蜀柱结构形式。这种做法在唐代十分常见。这里的斗子蜀柱式结构，继承了唐代做法。由于缺少二跳，外檐部分并不承载撩风槫，这一点与柱头斗栱完全不同，但与佛光寺东大殿十分相似。里转出二跳，偷心，单材，但头跳华栱为外檐二跳华栱的端部，外檐一层华栱为半截栱。这种檐外半截栱的做法，继承了佛光寺东大殿的做法，属于非对称式结构，《营造法式》中未见记载，应属于地方做法。

前檐斗栱

前檐补间斗栱及栱眼壁壁画

4.隔架斗栱

隔架斗栱指的是各梁栿之间的斗栱。此大殿的梁栿只在四椽栿和蜀柱下设较小的驼峰，梁栿之间大多由斗栱承托。这种斗栱大致分三类：第一类是位于上下六椽栿之间的十字相交重栱造斗栱，第二类是位于上层六椽栿与四椽栿之间的十字令栱，第三类是位于四椽栿上平梁以下驼峰承斗子半截式斗栱。佛光寺东大殿梁架四椽明栿上驼峰托十字令栱的做法，与此大殿的隔架斗栱有相同之处，尤其是小驼峰承斗子的构造形式，凸显五代承唐构之匠意。

中国的古建筑在长期的发展中呈现出明显的传承关系，这一点在许多结构和细部做法上均能表现出来。

5. 襻间斗栱

殿内各枋子之间形成空间,由斗栱和替木填充,形成襻间斗栱。早期建筑梁架内均有襻间,其襻间做法有实拍襻间、两材襻间、单材襻间以及捧节令栱。此殿襻间斗栱形式为两材襻间,但与《营造法式》中规定的"隔间相闪"做法不同。明清时期,由于采用"檩、垫、枋"三件的固有模式,使得襻间消失,襻间斗栱也就随之消失,但是在山西地方做法中仍保留有早期襻间形式。此大殿的襻间斗栱,主要是三斗承短替或类似于单斗只替形式。

"檩、垫、枋"三件,即"檩子、垫板、枋子"三件。三件结合源于早期的襻间做法,这种结构的稳定性优于襻间。

山面斗栱及里转柱头斗栱

七、椽望与翼角

　　槫檩共 7 道，承载望板与屋椽，椽头采飞，翼角椽飞为扇面形排列，檐角生出，自正身椽开始逐渐向角梁展开，符合《营造法式》中的规定，即"檐角生出自此始"。"此"，指的是正身椽。大角梁前端压在撩风槫相交处，后端则压在下平槫上皮，下端又附合一构件，与大角梁共同形成扣金造结构。子角梁后尾四分之三压在大角梁上，角梁造成翼角起翘。此殿翘起较大，与唐宋风格迥异，无疑为后人重修。望板与椽飞被后人多次更换。

　　"上皮"，即清式建筑对构件的上面的称谓，宋式建筑称"背"，是测量建筑尺寸的"基线"，与其相对应的是"下皮"。这些都是古代匠人在长期的实践中形成的习惯用语。

翼角仰视

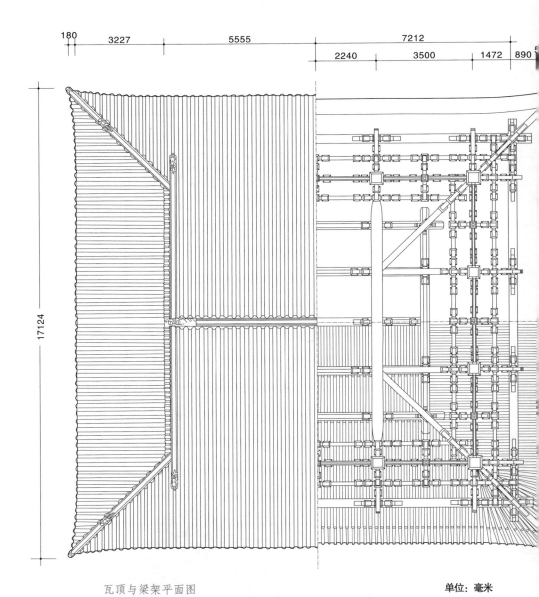

180　3227　　5555　　　7212

2240　3500　1472　890

17124

瓦顶与梁架平面图

单位：毫米

114

八、出际梁架

万佛殿两山出际梁架结构相同。当心间柱缝梁架并列向两侧出平梁、阁头栿、四椽栿，半截栱支承出际部分枋子。角昂后尾斜上搭在出际四椽栿上皮，脊槫、上平槫和下平槫则由令栱与短替结构承托。出际梁栿至当心间柱缝梁架中到中距离为176厘米，至撩风槫321厘米。在立面上看，因出际部分较长，造成两山山面部分与檐柱柱缝十分接近。

《营造法式》规定了出际的基本尺寸和根据槫檩长度确定出际长度的制度。唐代的南禅寺大殿、天台庵大殿，五代的大云院大佛殿、华林寺大殿，同样是歇山式，同样是三开间，但其出际部分，均距檐柱柱缝较远。《工程做法则例》称宋式出际为"收山"，此大殿的出际与清式规定大致相同。

☆ 高 清 大 图
☆ 知 识 测 试
☆ 建 筑 课 程
☆ 建 筑 赏 析

九、做法特点

万佛殿在总体结构上与其他五代时期建筑相同，但由于此建筑建于一千多年前的山西晋中地区，因此，其建筑结构中表现出一些地方做法或者说地方特色。

1. 襻间斗栱中令栱一端出异形栱，形似云朵。异形栱位于彻上明造的襻间，显然是为了满足美观的需要。建筑被赋予的审美功能，早在夏商之前就已经存在，如原始社会半坡人墙面的"大拉毛"和《竹书纪年》中记载的"筑倾宫、饰瑶台、作琼室、立玉门"。

2. 重叠复置的六椽栿。此建筑梁栿为六架椽屋，四椽栿以下设两道六椽栿，这一结构做法与其他建筑相比颇具特色。而梁栿复置的做法，在佛光寺东大殿出现过，在辽代的奉国寺大殿也使用过，说明三者的传承关系。下道六椽栿插入斗栱铺作，与柱头铺作结为一体，加强了横向梁架的结构刚度，而上道六椽栿则承载上层梁架。万佛殿的下道六椽栿似有月梁做法，因此，根据发现的有平棊的建筑推测，此大殿最初极有可能曾设想构建平棊部分。

3. 角梁后尾与下层托木的结构形式。角梁后尾压在下平槫十字相交处，而在下平槫下皮承托木，一端紧贴角梁下皮，另一端承挑下平槫，意在以角梁合抱下平槫，加强角梁结构强度，以防角梁以及整个翼角部分下倾。此大殿的角梁做法，与《营造法式》中规定的做法不同。此大殿的角梁，在结构上可说是开明清建筑扣金造之先河。

4. 非对称斗栱设置。在补间位置，前檐出二跳华栱，里转亦出二跳华栱，但外檐的头跳华栱只是半截栱，里转并未延长，而柱头铺作为四跳，为非对称结构。这种结构设置完全是出于美观的需要，其负载作用被弱化，佛光寺东大殿有同样做法，而在五代建筑中仅此一例。

5. 汉时做法痕迹。此大殿之柱头斗栱中的泥道栱与栌斗均采用矩形方直式栱端的处理方法，而矩形方直式栱端在汉代就已普遍出现。虽然此种做法是匠人制作斗栱的权宜之计，也不符合宋式规制，但也反映出对汉代风格的继承关系。

所谓方直式，指的是栱端不做卷杀栱瓣处理，是早期栱的原始做法。

6. 重楣结构。大殿沿用了唐代的双阑额做法，即平柱头上下设置两道阑额，下道阑额在《营造法式》中称为"由额"，而在唐《定明堂规制诏》中则称"重楣"，在隋唐墓葬壁画和其他文物遗迹屡有发现，比如初唐韦贵妃壁画以及唐大雁塔门楣线刻等。这种结构对于稳定柱间刚度具有明显的作用。五代之后，由于斗栱的发展，重楣结构一度取消，在明清官式建筑中又被重新采用。

十、附属文物

1. 壁画

壁画绘于殿内东南西北四块壁面，主要内容为千佛图，用色以红、绿、蓝、赭、白为主，人物造型栩栩如生，线条流畅，技艺娴熟，有着较高的艺术价值，与大殿内栱眼壁上的万佛图同为清时期作品。

2. 彩画

万佛殿保存的彩画主要见于柱子、阑额、门额、斗栱、栱眼壁、梁栿、槫檩、襻间、隔架斗栱以及椽望等部位。经勘测，一般为单色刷饰，在《营造法式》的彩画制度中，为等级较低的彩画。

内檐栱眼壁画

3. 塑像

万佛殿内彩塑立于高 55 厘米、52.1 平方米的佛坛上，共计 14 尊佛像。其中释迦牟尼背后的观音、散财童子和龙女为明代塑造，清代重新彩绘，其余 11 尊塑像均为五代时期作品，姿态怡然，甚为珍贵。

殿内彩塑全景

栱眼壁画特写

立身菩萨像

天王像

菩萨像特写

4.题记

碑刻题记共 20 通，大多为功德碑、记事碑等，零星记载了镇国寺建筑的创建与维修，但直接反映万佛殿的文字很少。这些碑刻置于东西碑亭和万佛殿外墙壁上。与万佛殿有关系的文字，则位于殿内的梁架和观音像的背光上，如位于脊榑底面的"惟大汉天会七年岁次癸亥三月建造"和位于前上平榑之下襻间底的"大金天德三年岁次辛未七月补修"。

万佛殿基本上保留了五代时期的建筑风格与时代特征，在建筑史上具有较高的地位，是研究古建筑发展史和古代科学技术不可多得的实物资料。

一

肆 福州华林寺大雄宝殿

华林寺鸟瞰

扫码获取
☆ 高 清 大 图
☆ 知 识 测 试
☆ 建 筑 课 程
☆ 建 筑 赏 析

　　华林寺，位于福建省福州市，为全国重点文物保护单位。五代吴越国钱氏十八年（964），即北宋乾德二年，创建越山吉祥禅院，即华林寺前身。当时的福州还属于吴越国辖区，因此可以看作五代建筑。明宣德六年（1431）重修寺宇，正统九年（1444）御赐匾额"华林寺"，华林寺名沿用至今。

　　华林寺大殿保存了许多唐五代时期的建筑做法，是研究我国古代建筑的珍贵实物例证。

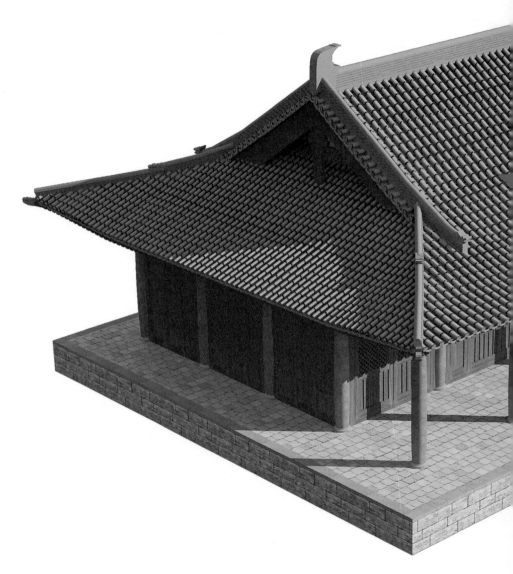

大雄宝殿三维俯视图

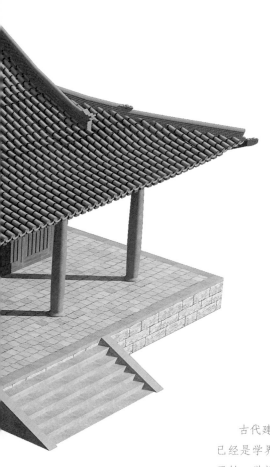

　　古代建筑屋架举折反映建筑的时代归属，已经是学界的共识。从现存的唐代木构建筑开始，举折逐步增高。华林寺大殿的举高与总步长的比值为1：4，与同时期的山西平遥镇国寺万佛殿举折基本一致。

五代木构建筑　福州华林寺大雄宝殿　　　　127

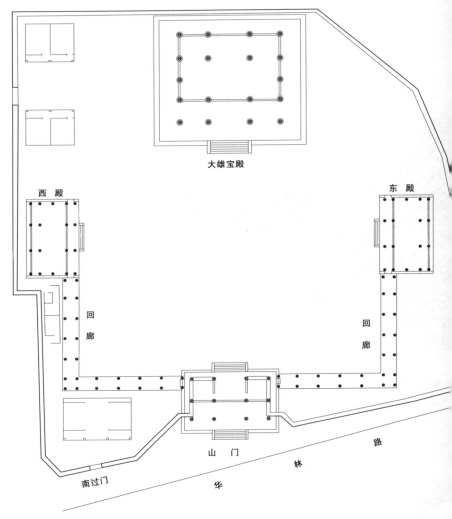

大雄宝殿

西　殿

东　殿

回廊

回廊

山　门

华　林　路

南过门

华林寺总平面图

一、立面造型

大殿建于砖砌月台之上，屋顶为单檐九脊歇山顶，出檐深远，上覆灰布筒板瓦，瓦条脊，正脊两端灰布鸱吻吞脊，垂脊、戗脊均有兽头。屋身正立面三间四柱，柱子全部为梭柱，没有侧脚。通面宽近 16 米，当心间开间较宽大，符合《营造法式》"柱高不越间之广"之规定，左右次间高宽之比接近方形。

大殿门窗设于前排檐柱之间，前檐柱设为廊柱，柱头微具卷杀，大殿前槽形成宽敞空透的前廊。只有阑额，不用普拍枋。大殿前檐当心间做补间铺作 2 朵，次间补间铺作 1 朵，柱头及转角各设斗栱 1 朵。立柱上双杪三下昂七铺作斗栱，斗栱雄大，华栱两层皆用单材挑出，昂嘴砍法特殊。大殿当心间、次间设板门，毬纹菱花格扇。整个大殿沉稳厚重，典雅大方，具有明显的闽越地方特色。

大殿正立面

五代木构建筑　福州华林寺大雄宝殿　　　　131

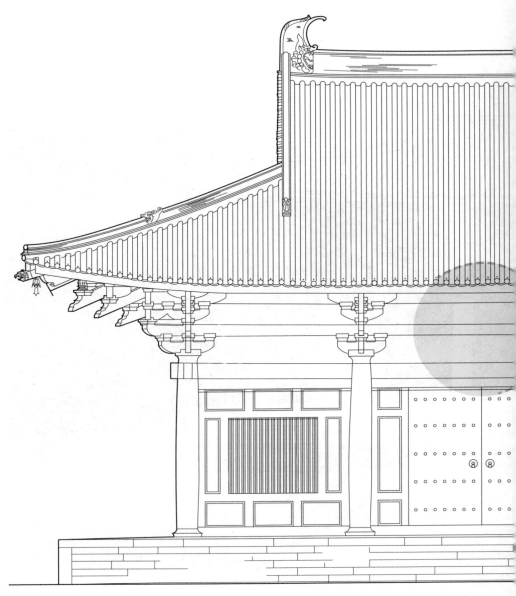

背立面图

后檐无补间斗栱位置，这是所有唐五
代建筑中铺作非对称设置的鲜有例证。

五代木构建筑　福州华林寺大雄宝殿　　　133

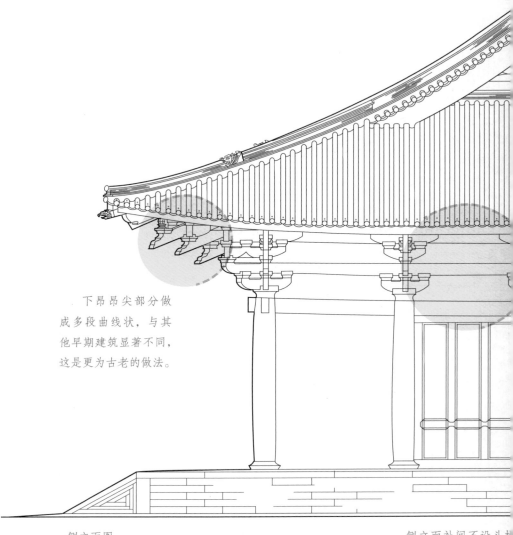

下昂昂尖部分做
成多段曲线状，与其
他早期建筑显著不同，
这是更为古老的做法。

侧立面图

侧立面补间不设斗栱
与正立面补间不同。

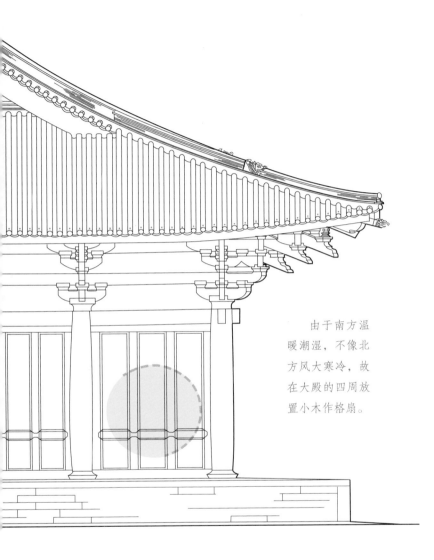

由于南方温暖潮湿，不像北方风大寒冷，故在大殿的四周放置小木作格扇。

五代木构建筑　福州华林寺大雄宝殿　　135

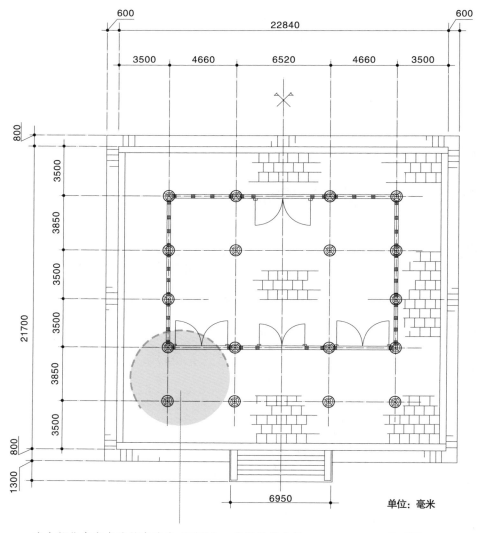

600 22840 600

3500 4660 6520 4660 3500

800

3500

3850

3500

3500

3850

3500

800

1300

21700

6950

单位：毫米

平面图

　　这个部位在宋式建筑中称为"副阶"，是附属于主体建筑的部分,在清式建筑中称为"前出廊"。南方地区多雨，为了防止雨水倒流至屋内，将装修退后一步架设置。唐五代时期的建筑，只有此殿设前廊，可谓孤例。

二、平面布局

大殿平面近方形，通面阔约 15.8 米，通进深 14.7 米，面积 494.3 平方米。正面为四柱三开间，当心间宽 6.52 米，两次间宽 4.66 米，进深方向为五柱四间，中间两间深均为 3.50 米，前后两间深 3.85 米，进深各间前后槽两间均大于内槽两间。

近乎正方形的平面布局与北方早期建筑平面布局完全相同，是南北方早期建筑的共同特征。

殿内原设置佛坛及塑像。根据大殿梁架结构分析，为彻上明造厅堂式建筑，但柱网平面布局与《营造法式》中记载的殿阁式建筑"金箱斗底槽"相近。

任何一座建筑都有平面空间，没有平面则建筑就不会存在。柱子是构成平面的唯一要素，因此，测量古建筑平面，通常是测量柱子"中到中"的距离。

三、横断面梁架

根据进深方向横剖面梁架分析，大殿为八架椽屋四椽栿前后对乳栿，通檐用四柱，抬梁式结构。由当心间横剖，可见两缝柱架横断面，其梁架结构相同。大殿共用18根柱子支撑梁架，内柱2根，每根高7米。内外柱之间由前后乳栿、四椽栿纵横联结，形成内层四方"井"字形框架。

大殿四周檐下及内柱头上均施斗栱。前檐柱上置七铺作斗栱，斗栱高度占整个柱子高度的70%。乳栿前端插入铺作之中，后端置入内柱并由丁头栱承托。丁头栱出二跳，为重栱造结构。丁头栱形式在《营造法式》中得以验证，做法如出一辙。梁架为彻上露明造，设置丁头栱，既有美观需要，又具有结构作用。殿内梁架的平梁、四椽栿、乳栿等木构件均做了艺术加工，完全符合《营造法式》中

前檐与前廊

横断面梁架

"月梁造"出自《营造法式》。其梁头刻成内凹曲面，中间随两头向内凹进，犹如一弯弦月，故称"月梁造"。

　　"丁头栱"同样出自《营造法式》，属于室内梁架做法，有单栱丁头栱和重栱顶栱两种形制。梁思成先生对丁头栱作出解释："丁头栱就是半截栱只有卷头。"

　　关于"月梁造"的规定，同时也印证了《营造法式》是以南方建筑为蓝本的学术观点。特别是丁头栱与月梁造结构形制，更是《营造法式》中的典型做法。

　　柱上斗栱承托平梁，平梁以上并列散斗三个，云形驼峰嵌入散斗斗口，其上承脊槫。两内柱上置斗栱，该斗栱形式为栌斗口内出三跳单材偷心，华栱承托四椽栿，栿上两端设单材枋，枋里端出单材五铺作斗栱，偷心造，并设驼峰以承载斗栱。这种结构形制与唐代佛光寺东大殿的做法十分相似，是此殿为早期建筑的又一力证，具有很强的艺术表现力。

　　所谓"八架椽屋四椽栿前后乳栿，通檐用四柱"。分开讲，就是这座建筑有八道椽，平梁之下设四椽栿，其前后置乳栿，从断面看，整个梁架由四根前后檐柱与两根内柱共同支撑。

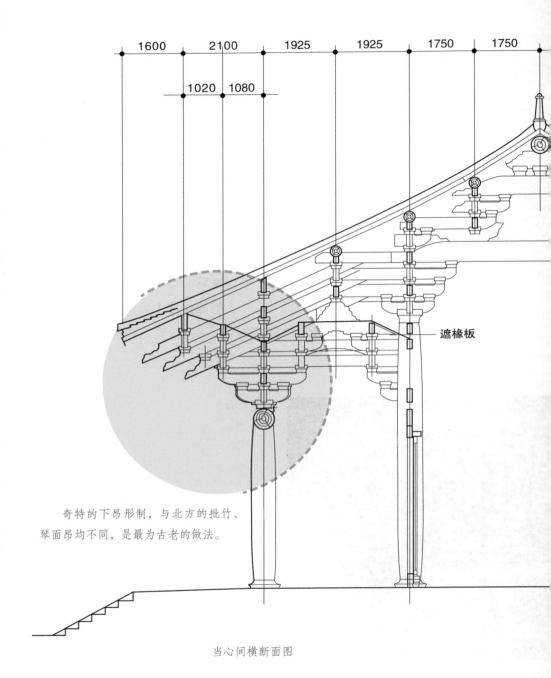

1600 2100 1925 1925 1750 1750

1020 1080

遮椽板

奇特的下昂形制，与北方的批竹、琴面昂均不同，是最为古老的做法。

当心间横断面图

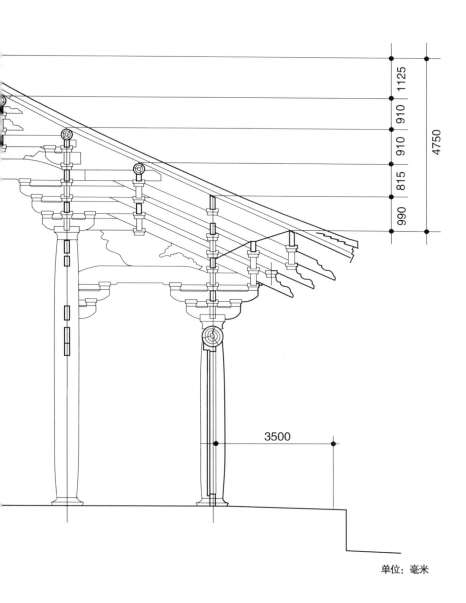

1125

910 910

910 910

815

990

4750

3500

单位: 毫米

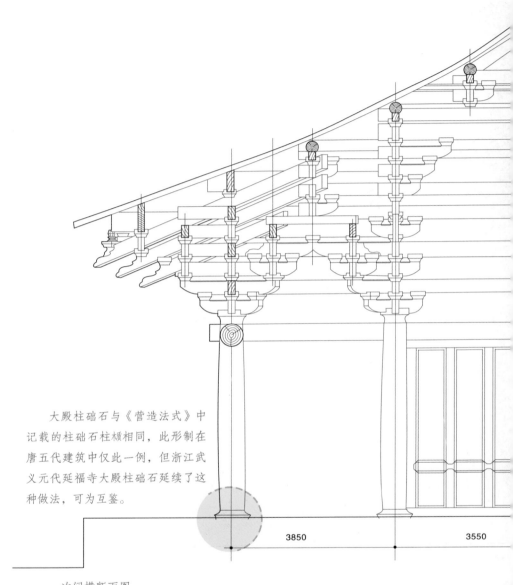

大殿柱础石与《营造法式》中记载的柱础石柱楲相同，此形制在唐五代建筑中仅此一例，但浙江武义元代延福寺大殿柱础石延续了这种做法，可为互鉴。

3850

3550

次间横断面图

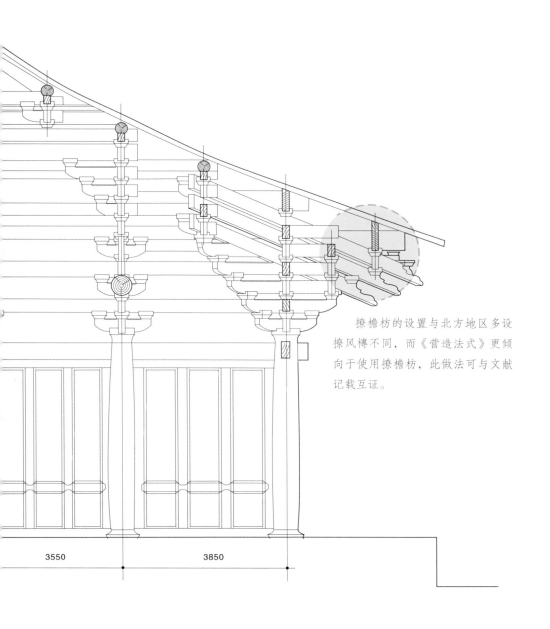

撩檐枋的设置与北方地区多设撩风槫不同，而《营造法式》更倾向于使用撩檐枋，此做法可与文献记载互证。

3550

3850

四、纵断面梁架

纵断面梁架是沿面阔方向做切面的构架，反映内柱、内额、襻间等结构。

1. 前纵架

前内柱 2 根，高达 7 米，柱头、柱根均有卷杀，柱子为梭柱形制。两根额枋上下并列，连接在内柱柱头之上，上下内额形成襻间空间。内柱距地面 5.38 米处连接门额 1 根。内柱柱头栌斗上，用素方 2 道，单材三层，上承中平槫。两内柱与两山檐柱间，各用内额一层。外檐柱头铺作承托乳栿，素方 2 道，宽度、厚度与栱一致，连接内柱与檐柱。枋尾插入内柱柱身，枋间缝隙为一槫。两根内柱沿两山方向出丁头栱二跳，承托 2 道素方。上层素方上置圆形驼峰，其样式独特，为后世修缮时所更换。

所谓"素方"，方即枋，指的是所有连接平棋铺作的枋木。"素方"是宋式建筑称谓，而清式建筑则称"拽枋"。根据素方所在位置的不同，在柱头上者，称"柱头枋"，在跳头上者，为"罗汉枋"。

前纵架特写　　　　　　　　　　　前纵架廊步

纵断面梁架

2. 后纵架

后内柱两根，也为梭形柱，用一根额枋连接，额枋两端伸出柱头。内柱头上坐大栌斗，用单栱素方两道，单材三层，上承中平槫。当心柱间施补间斗栱，在内额枋上正中置一云形驼峰，上用三层一斗三升斗栱重复承托素方，中平椽内柱与两山檐柱间主要用乳栿连接，内柱外出用丁头栱二跳承托乳栿，不施内额。山面柱头铺作里转二跳华栱上施乳栿，栿首经砍制加工插入铺作，栿尾制成榫卯插入内柱，栿上置云形驼峰。

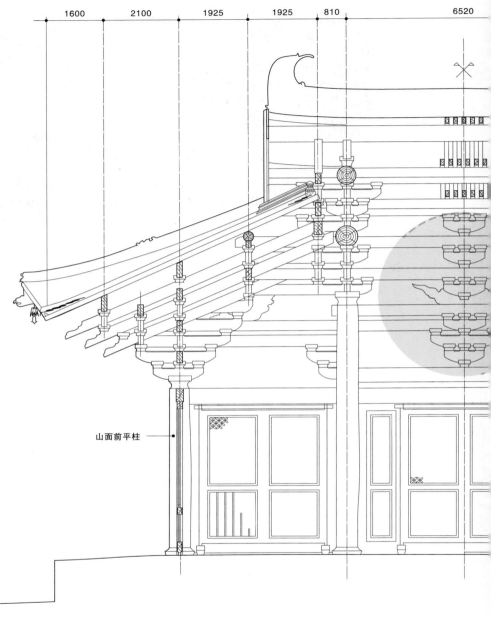

1600	2100	1925	1925	810	6520

山面前平柱 —

纵断面图

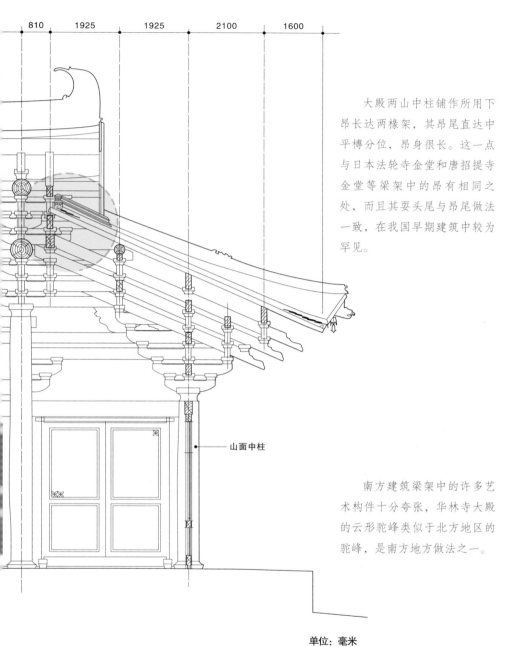

810　1925　1925　2100　1600

　　大殿两山中柱铺作所用下
昂长达两椽架，其昂尾直达中
平榑分位，昂身很长。这一点
与日本法轮寺金堂和唐招提寺
金堂等梁架中的昂有相同之
处，而且其耍头尾与昂尾做法
一致，在我国早期建筑中较为
罕见。

── 山面中柱

　　南方建筑梁架中的许多艺
术构件十分夸张，华林寺大殿
的云形驼峰类似于北方地区的
驼峰，是南方地方做法之一。

单位：毫米

五、出际梁架

出际梁架，即两山山花部位外出的大木构架。根据宋《营造法式》中的规定，身内柱柱缝向山面外伸处的脊槫及平槫部分为出际梁架。对于歇山顶结构出际部分的构件尺寸，《营造法式》中并没有做出规定，在施工中存在较大的灵活性。

出际梁架

扫码获取

☆ 高 清 大 图
☆ 知 识 测 试
☆ 建 筑 课 程
☆ 建 筑 赏 析

此大殿脊槫、上平槫、中平槫伸出梁架外的长度近3米，虽然只占次间开间尺寸不到一半，但其出际长度仍然较长，出现一定的荷载及剪力，因此，在内柱柱缝外侧加设了多层斗栱承托枋木，并与槫檩连接交圈。山面椽尾搭于上层枋之上。柱缝平梁外置阑头栿。阑头栿两端承上平槫，阑头栿中间部位设矮小蜀柱1根，承托脊槫，脊槫两端未施叉手。

"交圈"是古建筑匠人在施工中长期使用的习惯用语，指梁架构件之间的有效连接。这种习惯用语还有很多，比如"万才不离中""坐中""四六分八方"等等。

西侧出际梁架云形驼峰及月梁

出际月梁与山面柱（西）

六、铺作

1.柱头斗栱

（1）前檐平柱斗栱

前檐平柱柱头上斗栱结构复杂，层叠相交，外转为七铺作双杪双昂隔跳偷心造形制，耍头为下昂式。第一跳华栱偷心造；第二跳华栱施重栱、散斗承托罗汉枋，第二跳华栱之上，将内柱伸出的乳栿外端砍制成华头子，支顶下昂；第三跳出下昂偷心造；第四跳出下昂；第五跳出下昂，承令栱，散斗承托撩檐枋。最上一层的耍头做成下昂式，悬挑撩檐枋，与下昂同时具有结构作用，在形制上与下昂相同，外檐似乎构成三下昂八铺作无耍头斗栱形制，但按习惯称谓，其外观为双杪双昂七铺作。

前檐斗栱

关于华林寺大殿的铺作出跳问题，近年来出现了许多争议，究竟是七铺作还是八铺作，尚无定论。依据《营造法式》中关于耍头与铺作的叙述，结合学界的定义，这种争论仍将持续下去。

前檐柱头斗栱特写

（2）后檐平柱斗栱

后檐柱柱头上斗栱，外檐为七铺作双杪双昂隔跳偷心造，里转出二跳双杪偷心。里转华栱为单材，出二跳并偷心。二层华栱承乳栿。第二层华栱之上，将内柱伸出的乳栿外端砍制成华头子，支顶下昂。二层昂尾中，一层、二层昂尾与素方和横枋重叠相交，二层昂尾与耍头尾置于下平槫下。

从平面上分析，所有柱子均有自己的名称，比如：室内的为柱，屋角部分为角柱，两山墙位置为山柱，梁栿上的为蜀柱，而平柱则是指除角柱之外的檐柱。平柱逐渐升高是早期建筑区别于明清建筑的重要特征之一。

①③ 交互斗
②④⑥⑧ 斗下皿板
⑤ 散斗
⑦ 栌斗

后檐柱头斗栱里转二跳偷心，栌斗、交互斗、散斗下之皿板一览无余

（3）两山山面后檐柱头斗栱

山面后檐柱头斗栱结构与后檐平柱斗栱结构相同。

（4）两山山面前檐柱头斗栱

山面前檐柱头斗栱，外檐为七铺作双杪双昂隔跳偷心，里转结构为二跳华栱偷心造，承2道素方，昂尾做法与后檐当心间平柱相同。

不同之处是前檐设廊，使斗栱结构有所变化。柱头上的栌斗，向前廊一侧45°方向伸出虾须栱。此组斗栱为出二跳、单材、单栱造、头跳偷心、二跳承四铺作斗栱，再上则为鸳鸯交手栱与平棊枋。

虾须栱出现在《营造法式》一书，从结构上分析，应当属于华栱之列，主要特点是斜置于柱头的梁架内，多用于北方早期木构建筑之中。

东侧山面柱头斗栱、里转斗栱

里转斗栱五跳八铺作逐跳偷心

（5）两山山面中柱柱头斗栱

山面外檐斗栱，外转为七铺作双杪双昂隔跳偷心，里转为八铺作五杪逐跳偷心造。华栱用单材。第五跳跳头承下平槫令栱。两层昂均为真昂，昂形耍头亦采用真昂之制，跨度极大。第一层昂尾跨过柱中并承挑下平槫，第二层昂尾与耍头尾继续里伸承挑出际梁架。里转连续五跳并偷心，昂尾直达出际梁架中，利用杠杆原理，大跨度承托山面屋顶的荷载。其结构形制独具匠心，颇具南方特色。

所谓"真昂"，指的是早期建筑的昂，其特点是斜向直达室内梁架，上昂也属于真昂之列。真昂的作用是降低斗栱铺作的高度并负载室内梁架。与真昂对应的还有一种假昂做法，是元之后的建筑特征。

山面柱头斗栱里转八铺作

2. 转角斗栱

大殿转角铺作共 4 朵，分为前檐角柱和后檐角柱两种类型。

（1）前檐转角斗栱

前檐转角斗栱由正身、山面及 45° 角栱组成，带有皿板的大栌斗坐于角柱之上，出四跳七铺作斗栱。第一跳华栱偷心造与泥道栱相列，第二跳跳头承瓜子栱与慢栱，第三跳偷心造承托下昂，第四跳令栱承托下昂，其上为撩檐枋与生头木。其中，第二跳跳头上承载重栱，下层瓜子栱与二跳角华栱承载的瓜子栱呈连栱交隐，即鸳鸯交手栱。上层慢栱与角华栱上慢栱连栱交隐，外檐与内檐均出 45°

此处多段曲线的做法与其他所有古建筑均不相同。

一　二　三　四

偷心　跳数　偷心

前檐东南角转角铺作

转角铺作仰视

角栱。角栱由角华栱二跳和二层角昂及上层由昂组成。由昂即耍头位置的昂形构件。内檐里转45°方向出角华栱二跳，足材，承十字令栱与平棊枋。三层昂尾，第一层昂尾与平棊枋搭接，第二层、第三层昂尾至下平槫下，并承挑下平槫，由柱中前至撩檐枋中，后至下平槫交角中。昂尾的距离几乎相等。二层下昂与由昂，真正发挥了昂的杠杆挑斡作用及平衡内外构架的作用。

华栱为承重构件，因此北方地区的华栱多为足材，而此处的华栱却为单材，有异于其他建筑。隔跳偷心做法与佛光寺东大殿如出一辙。

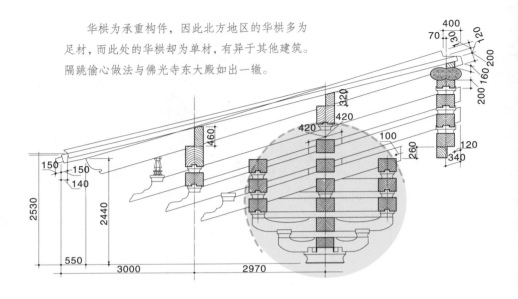

华林寺大殿斗栱出现了皿板痕迹，而皿板做法早在汉代就已经出现。有人将此斗称为"皿斗"。
转角斗栱

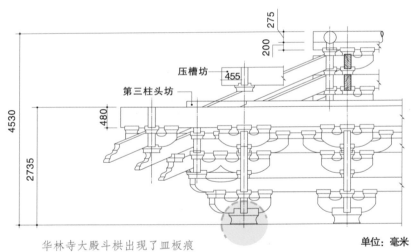

压槽坊

第三柱头坊

单位：毫米

（2）后檐转角斗栱

后檐转角斗栱由正身、山面及 45° 角栱组成，带有皿板的大栌斗坐于角柱之上，出四跳七铺作斗栱，斗栱外出形制与前檐角柱斗栱相同。内檐里转八铺作，五跳全部采用逐跳偷心造做法，减少了左右平出连接的栱枋构件，使内檐铺作显得简洁明快。一层、二层华栱为足材栱，其余三跳角华栱均为单材，第五跳华栱至下平槫之下，承十字令栱，三层昂尾延伸至下平槫下。

这是区别于其他古建筑的突出特点，个性鲜明而孤傲。

东北角后檐转角里转斗栱

这里同样也
没有用普拍枋。

前檐补间斗栱及柱头斗栱

前檐补间斗栱

3.补间斗栱

从大殿外檐看，唯有前檐设补间斗栱，后檐与两山面均无补间斗栱。

前檐当心间面阔较大，两平柱斗栱之间增设补间斗栱2朵，次间各设补间斗栱1朵，符合宋式建筑的通常做法。因柱头之间无普拍枋，故补间斗栱置于阑额之上，外檐铺作与转角斗栱形制相同。

内檐里转出双杪四铺作，出四跳，头跳偷心，二跳承瓜子栱与慢栱，重栱造，其上为平棊枋。二层昂尾，第一层昂尾伸至平棊枋，第二层昂尾及耍头尾承托下平槫与襻间枋。

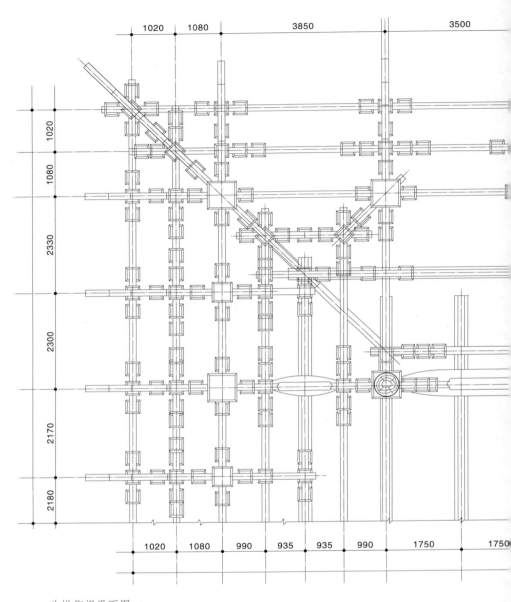

斗栱仰视平面图

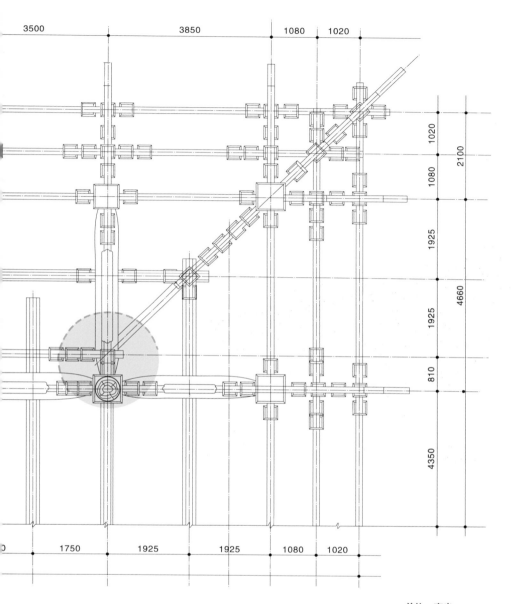

3500　　　　3850　　　　1080　1020

1020
2100
1080
1925
4660
1925
810
4350

1750　　1925　　1925　　1080　1020

单位：毫米

　　角昂昂尾直达上平槫，十分罕见。有人将此与日本古建
筑中的"尾垂木"相联系，认为昂来源于"尾垂木"。

七、角梁与椽望

华林寺大殿只设檐椽一道，无飞椽，翼角列椽为扇列式排椽。角梁为后人更换，已失去原有形制，椽子与望板也经过更换，这与其他古建筑状况类似。屋顶构件往往是后世更换的主要部分，这也是屋顶椽望与主要梁架并非同一时代的主要原因。

翼角

翼角风铎随风摆动，叮当作响，古声古韵，低吟浅唱。置身其中，仿佛找回了渐行渐远的历史。

八、门窗装修

　　此大殿前后设门窗，后檐与两山为三抹隔扇门，前檐为板门，板门上设门钉与铺手，门钉分 5 路，每路 7 枚，板门两侧为泥道板。

板门

后檐隔扇门

九、彩画

华林寺大殿的主要彩绘装饰是潜雕团窠和遍装彩绘。团窠是唐宋时期较为常见的装饰图案，所绘位置多在阑额、柱头枋、罗汉枋及撩檐枋等构件上，其基本样式为八瓣或出头纹饰。团窠内隐约可见写生华彩画，团窠外框为内凹的单混线脚。因历代维修，殿内的彩画反复叠压，原作难以辨识。从剥落的彩画分析，原来的彩画可能为五彩遍装，有些构件上还清晰地保留有早期的彩画痕迹。

室内梁枋团窠图案

十、构造特点

1.皿板

皿板是斗栱下铺垫的一块较薄的四方形木板，早在汉代建筑中就已经出现，南北朝时期曾普遍使用，比如云冈石窟的仿木建筑石刻中就有皿板的形象。华林寺大殿所有栌斗下面均设有皿板。栌斗分耳、平、欹三部分，而欹的尺寸大于耳与平尺寸之和。斗欹部分有内顾，最深处1.5厘米。斗底皿板厚1.5厘米，与栌斗为一整块木材制作。就其形制而言，可视为皿斗，是魏晋南北朝向宋代过渡的做法。大殿散斗斗顾明显，与栌斗风格相同，亦有皿板形制。此殿皿板的做法，与河北定兴北齐义慈惠石柱上的石屋栌斗极为相似，具有早期建筑斗栱的典型特点。

最初的斗栱结合部分并不稳定，为了解决这一难题，古代匠人在栱端与斗底之间设置了一块平板，随着木作工具的进步，这块木板从南北朝时开始逐步取消，只留下了仿皿板的痕迹。

栌斗之下设有皿板

2. 材份

大殿斗栱，其材断面高度为 30~40 厘米，据实测，以单材高 30 厘米，足材高 45 厘米为标准，此单材高与佛光寺东大殿材份大致相同，但东大殿为七开间，而此殿为三开间，《营造法式》规定"殿身三间至五间，或堂七间"用第三等材，而第三等材的材高为"广七寸五分"，约合唐尺 23.3 厘米，远远大于《法式》规定，与第一等材相同，三开间大殿用材之大，是目前所见木构建筑中的孤例。

材份是《营造法式》规定的设计模数，其制度称为"材份制"，起源于枋木的断面。《营造法式》规定了房屋建造的八个等级，即"材分八等"，一切构件和建筑规模均以材分权衡。到了明清时期，则演变成以"斗口"或"柱径"为计算标准。

3. 栱弯

栱弯指的是各类栱子的栱端曲线部分。栱由三部分组成，即平出、上留与栱弯。一般情况下，华栱、瓜子栱、慢栱、令栱等均有栱弯，栱弯形制又有分瓣和圆弧无瓣两种。此大殿栱弯卷杀无瓣，曲率和缓，无内颛。有些早期建筑也有这种做法，如西安唐开元十六年（728）薛莫墓壁画中的栱弯。而在北方地区，唐、辽、宋时期木构建筑栱弯处大多有栱瓣，有的还有内颛。《营造法式》中规定了卷杀的做法，如"泥道栱每头四瓣卷杀""令栱每头五瓣卷杀"。《营造法式》中所说的卷杀，是栱弯的习惯称谓。卷杀有瓣和无瓣做法至少在唐时就已并行采用，说明此大殿卷杀无瓣的做法保留了旧制。

4.梭柱

此大殿的身内柱和外檐柱均为梭柱，而且不设侧脚。梭柱在《营造法式》中就已经有记载："凡杀梭柱之法，随柱之长分为三分。上一分又分为三分，如栱卷杀，渐收至上径比栌斗底四周各出四分。"显然上部有卷杀，根部无卷杀。

此殿的梭柱上下均有卷杀，柱子上下部分略细，中间部分略粗，状如梭子，与《营造法式》中的规定不同。在北方早期建筑中没有这种做法，与之相似的有河北定兴北齐义慈惠石柱，说明此大殿承袭了南北朝时期的建筑风格。

南北朝是一个朝代更迭、社会动荡的时期，也是建筑形式与细部做法大发展的时期，比如屋面曲凹的形成、下昂的出现、建筑琉璃的使用、皿板的普及与逐渐消失等等，都集中在这个时期，其原因应与匠人社会性流动较大有关。

梭柱

5. 驼峰

此大殿的驼峰做法十分特殊，与北方建筑中的做法迥异。梁架身内驼峰至少有四种形式，即平梁上驼峰、四椽栿上驼峰、乳栿上驼峰、扶壁栱下驼峰。在细部做法上，有对称和不对称两种形式。其中云形驼峰分设于几处，虽均以曲线流畅见长，但各有各的艺术效果。华林寺大殿的云形驼峰，在我国现存的古建筑中可谓孤例。

驼峰、二层下昂及耍头后尾

此驼峰与北方早期建筑中的驼峰风格迥异。

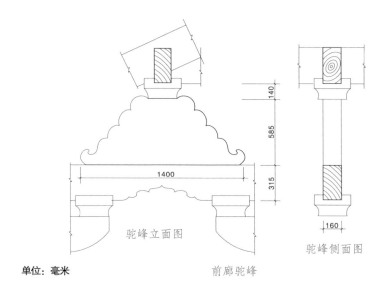

驼峰立面图

驼峰侧面图

单位：毫米

前廊驼峰

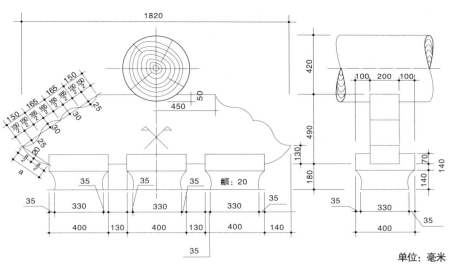

平梁上驼峰

颛：20

单位：毫米

6. 大木构架

华林寺大殿的大木构架形制颇有特色，殿内构架主要由两缝横架与两缝纵架组成，纵横相交呈"井"字形，具有南方井干式及穿斗式结构特征，其整体性及稳固性优于北方同期建筑。明栿为月梁造形式，属于露明构件，要求美观，因此大殿四椽栿、乳栿与平梁均做了艺术处理，加工为月梁形式。

殿面阔仅三开间，但用材硕大，超过了《营造法式》中规定的最高等级规格。柱间只用阑额，不用普拍枋，残留了南朝及隋唐建筑的做法。建造方法在全国唐宋木构建筑中独具一格，并带有显著的闽越地方特色。

二层下昂及耍头后尾

《营造法式》规定的最高等级规格，即"材分八等"中的"第一等，材广九寸，厚六"，此尺寸通常用于九至十一间规模的殿堂。

7.昂尖

昂尖指的是外檐昂头的造型部分，属于下昂做法。《营造法式》中将昂分为批竹昂和琴面昂两种。此大殿的昂与《营造法式》中的昂相比，在造型上大相径庭、迥然不同，凸显另类风格。此大殿昂尖分三段曲线，线条流畅，显示出自由活泼、不拘一格的匠意。这种自由曲线的昂尖形式尚保留南北朝时期建筑遗风，对后世清代建筑中的如意昂也产生了一定影响。

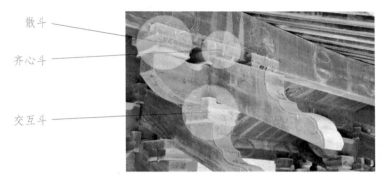

散斗

齐心斗

交互斗

昂尖特写

令栱置二散斗和一齐心斗，是早期斗栱的组合特征。到了明清时期，齐心斗消失。交互斗在明清时期称为"十八斗"。

山面柱外檐斗栱昂尖

8. 丁头栱及铺作

汉代建筑中就已使用丁头栱,而且十分广泛。丁头栱又称插栱,可能就是斗栱的前身。北方地区早期建筑中使用丁头栱的实例较少。南方使用丁头栱的建筑较多,如江苏苏州宋代玄妙观三清殿,虽然此殿为单材丁头栱,但二者有着异曲同工之妙。汉代明器及一些画像砖中可见丁头栱的形象,说明此大殿的丁头栱继承了汉以来的做法。

华林寺大殿建于五代时期,是中国长江以南现存最古老的木构建筑。它的主要构件,特别是斗栱,仍保存有唐宋建筑风格及福建地方特征。

华林寺大殿铺作高度约占柱子高度的三分之二,这一点与现存唐代建筑及北方地区五代建筑相似。里转身内部分均插入梁架,与整个梁架结构严密结合,形成一个整体。大殿中扶壁栱的使用、单材栱的做法,均具有唐代建筑遗风。

丁头栱与梁架结构

丁头栱重栱造形式。

172

9.托脚

此大殿梁架中不设置托脚，此做法与北方地区早期建筑完全不同，也与《营造法式》规定不符，但这一特色反倒与明清时期的建筑结构一致。可见二者的关系。

早期建筑的托脚在明清时期的官式建筑中消失，是因为檩子降低高度放入梁头之中，整体构架更加稳定，无须托脚辅助支撑。

华林寺大殿至今已有一千多年的历史，作为易燃易损的木结构建筑，历经战火，保存至今，实属不易。这座建筑不但向人们展示了古代匠人的聪明才智，而且为人们研究当时的科学技术、人文历史以及社会状况等多个领域，提供了十分珍贵的实物资料。

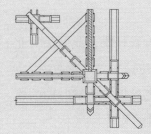

一

大成殿正立面

扫码获取

☆ 高 清 大 图
☆ 知 识 测 试
☆ 建 筑 课 程
☆ 建 筑 赏 析

正定文庙，位于河北省正定县城内民主街，坐北朝南，呈长方形，现存大成殿、戟门（国学堂）、东庑、西庑等建筑，占地面积约 5 000 平方米。据《正定志》记载，唐开成三年（838），第九任成德军节度使王元逵迎娶寿安公主，将佛殿遗构改为文庙，之后屡有重修或改建。1956 年，文庙被评为省级重点文物保护单位，1996 年被评为全国重点文物保护单位，2005 年起，河北省各界人士每年在此公祭孔子，场面十分宏大。

正定文庙大成殿比山东曲阜孔庙现存的大成殿早五六个世纪，是我国现存最早的文庙大成殿。"大成"一词出自《孟子·万章下》："孔子之谓集大成，集大成也者，金声而玉振之也。"集大成者，圣人也。

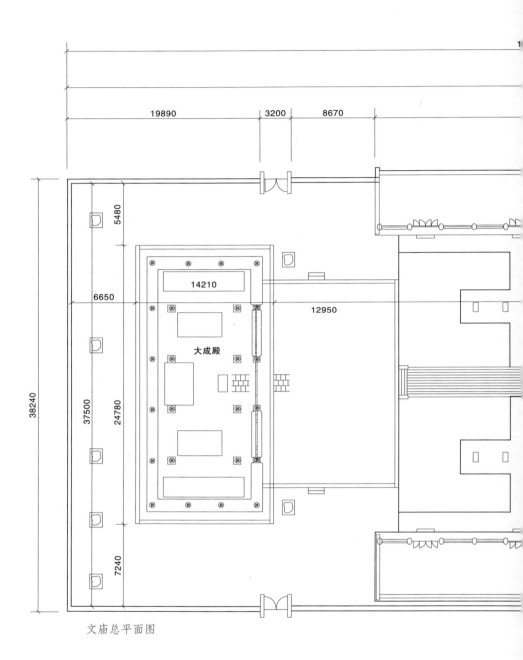

19890　3200　8670

5480

14210

6650　12950

大成殿

38240　37500　24780

7240

文庙总平面图

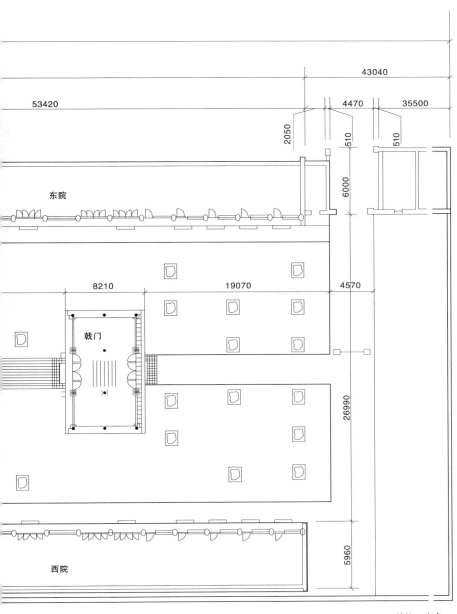

东院

53420

43040

4470

35500

2050

510

510

6000

戟门

8210

19070

4570

26990

5960

西院

单位：毫米

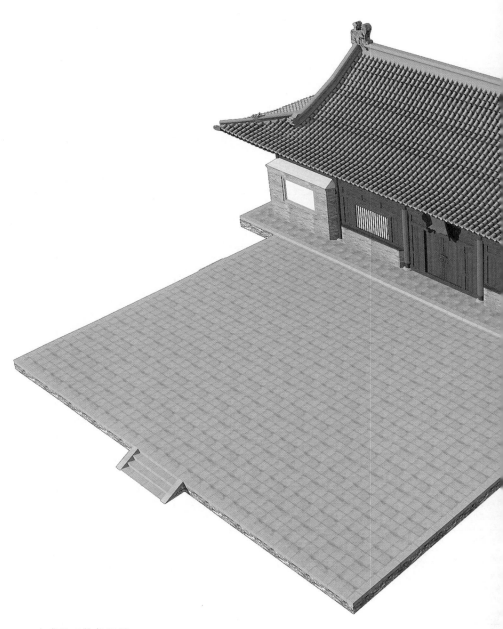

大成殿三维俯视图

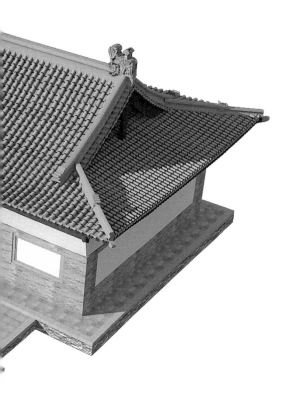

1933年，梁思成先生考察正定文庙后，在《正定古建筑调查纪略》一文中就大成殿的建筑年代写道："《县志》称县文庙为明洪武年间建，但是这大成殿则绝非洪武间物，难道是将就原有的古寺改建，而将佛殿改成大殿的？……以此殿外表与敦煌壁画中建筑物相比较，我很疑心它是唐末五代遗物。"

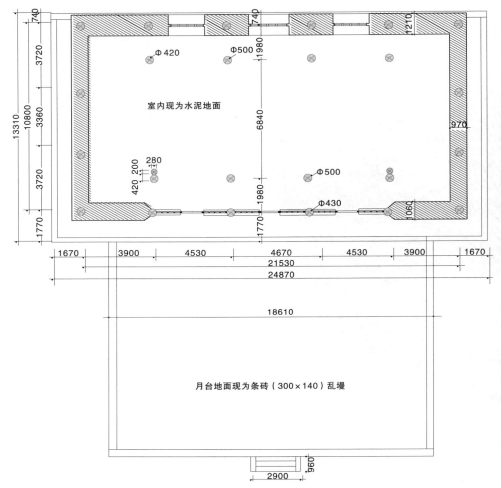

室内现为水泥地面

月台地面现为条砖（300×140）乱墁

平面图

单位：毫米

为了扩大礼佛空间，此大殿柱子向外移动了一定尺寸，学界称之为"移柱造"。经考查发现，其移动通常是沿梁柱间缝向外移动，或者左右移位，或者前排明间柱子向两侧移位。和减柱造相比，区别在于减柱造是减少柱子，而移柱造不减少柱子，只是按一定规律移动柱子。

一、平面布局

大成殿平面呈长方形，总面阔 2 153 厘米，总进深 1 080 厘米，占地面积 650 平方米。面阔五间，进深三间六椽，当心间宽 467 厘米，次间略小于当心间，宽 453 厘米，梢间宽 390 厘米。大殿平面共用柱 26 根，柱网布局为四椽栿对乳栿用四柱。殿内采用移柱的方法，将两排内柱由中心各向外移动 174 厘米，内槽由原来 336 厘米扩大为 684 厘米，增大了内槽礼佛的空间。前檐柱外设有宽大的台明，殿前施月台；月台低于台明 9 厘米，东西宽 1 861 厘米，与大殿梢间中相对，南北长 1 295 厘米，月台面积 240.87 平方米。南侧中铺踏跺三步，供人上下。

文庙内景

二、立面造型

大成殿由台基、屋身、屋顶三部分组成，前方有宽大月台。屋顶为单檐九脊歇山顶，上覆灰布筒板瓦，正脊两端有龙吻相对吞咬，顶部坡度平缓舒展。铺作硕大，出檐深远。檐部铺作分为柱头及转角两种。铺作外檐为五铺作双杪偷心造，转角铺作耍头位置为由昂，柱头铺作为蚂蚱头形制，与南禅寺大殿、镇国寺万佛殿等出批竹式耍头显著不同。补间位置只设柱头枋，柱与柱之间不设补间斗栱，只在柱头枋上隐刻出栱瓣，枋与枋间用小斗相隔。

大成殿面阔五间，当心间设板门，次间为直棂窗，梢间设槛墙，柱头之间用阑额相连，不设普拍枋，列柱有明显侧脚与生起。

不设普拍枋，列柱有明显侧脚与生起，是梁思成先生认定此大殿是五代时创建的根据之一。

大成殿背面侧影。槛墙厚实地站立在屋檐下，台基高出地面。

歇山屋顶

次间直棂窗

当心间板门，已不是原物

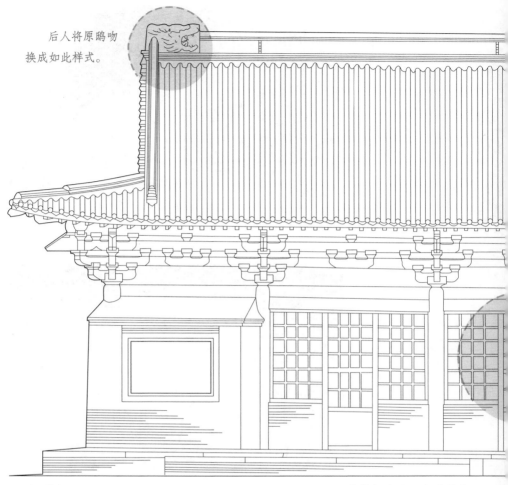

后人将原鸱吻
换成如此样式。

正立面图

装修部分全无古建筑之
风韵，但梁架仍属五代无疑。

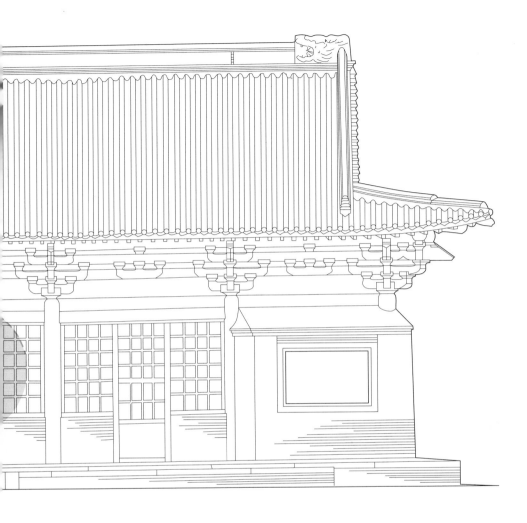

五代木构建筑　正定文庙大成殿

187

侧立面图

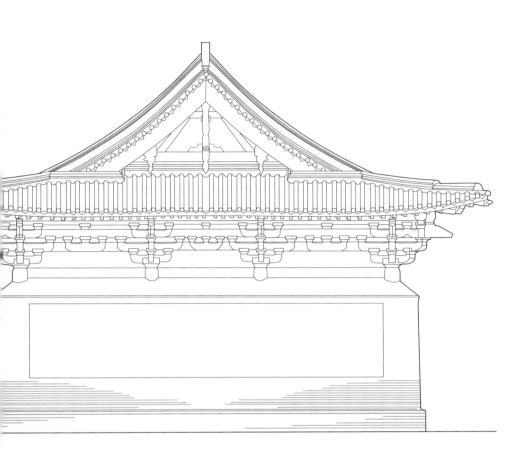

五代木构建筑　正定文庙大成殿　　　　　　　189

三、横断面梁架

大成殿梁架结构为四椽栿对劄牵用四柱，为彻上露明造形制，同时采用移柱造手法，扩大了内槽的实用面积。内柱与檐柱之间用劄牵相连，劄牵后尾插入内柱，前端挖榫卯，搭交檐柱出头，形成二跳华栱。二跳华栱之上出令栱承托撩风槫。

内柱大栌斗之上架设四椽栿，栿上由两对驼峰、大斗承托平梁，梁中置蜀柱结合，蜀柱上施后人更换的丁华抹颏栱；脊槫两侧设叉手，叉手根部插坐于平梁，稳固蜀柱与脊槫；脊槫下采用单材襻间枋，加强了梁架之间的联系。整体梁架结构朴实无华、简约合理。

丁华抹颏栱是记载于《营造法式》中的特殊构件，位于平梁蜀柱之上，叉手通过此构件支顶脊槫。到了明代，由于取消叉手与托脚，丁华抹颏栱也随之消失。

梁架

四、纵断面梁架

前后纵断面结构相同，前檐平柱柱头上置五铺作斗栱1朵，上承劄牵。山面柱头斗栱承托3道柱头枋，内柱与檐柱之间用劄牵相连，劄牵后尾插入内柱，前端挖榫卯，搭交檐柱出头，形成耍头，其上承托山面随檩枋与撩风榑。山面劄牵上设驼峰，支撑出际梁架。纵向内柱之间设多层单材襻间枋，各层枋间设散斗，各榑下不用替木，而用通长的清式随檩枋取代。

劄牵是早期建筑梁架中使用的构件，记载于《营造法式》，《工程做法则例》称之为"单步梁"。

劄与札，二字互训，薄小者曰札，牵与拉同义。根据宋《营造法式·图例》，此构件相对于乳栿确实尺寸较小，而且只起牵拉作用。李诫将此构件命名为劄牵，可谓精准。

从断面图分析，这座大殿梁架中应该有托脚，但实际并非如此。要头与衬方头合并，以及令栱上无齐心斗等，均说明后人在维修时受到清官式建筑的影响，但其主要梁架仍保留了五代风格。

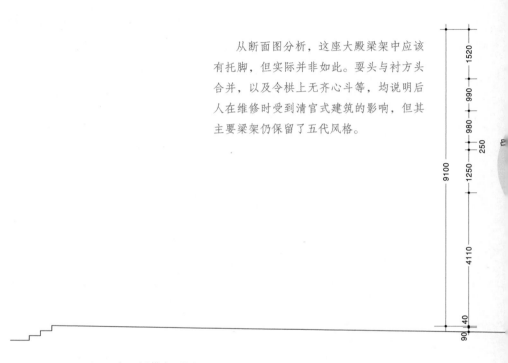

当心间横断面图

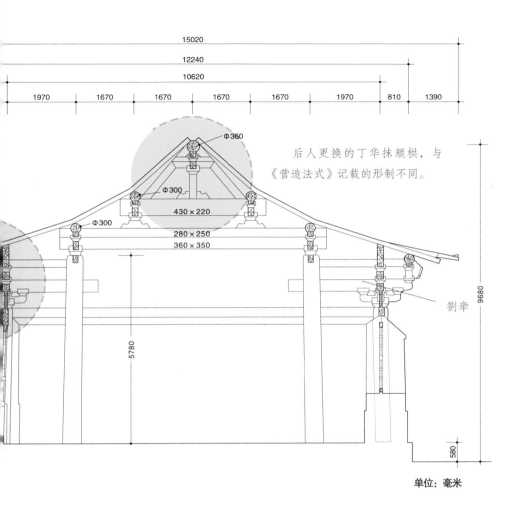

后人更换的丁华抹颏栱，与
《营造法式》记载的形制不同。

Φ360

Φ300

430 × 220

Φ300

280 × 250

360 × 350

5780

9680

劄牵

580

15020

12240

10620

1970   1670   1670   1670   1670   1970   810   1390

单位：毫米

《营造法式》规定，梁栿制作"如碍槫及替木，即于梁上角开抱槫口"。此处做法与文献记载完全相符。

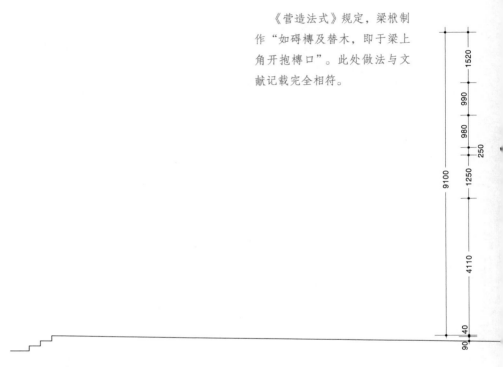

次间横断面图

194

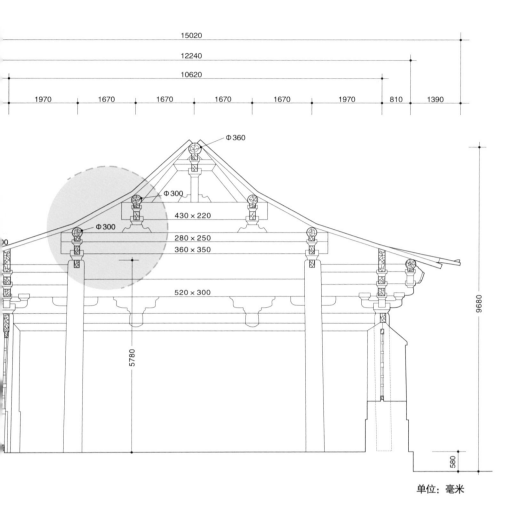

15020

12240

10620

| 1970 | 1670 | 1670 | 1670 | 1670 | 1970 | 810 | 1390 |

Φ360

Φ300

430×220

Φ300

280×250

360×350

520×300

9680

5780

580

单位：毫米

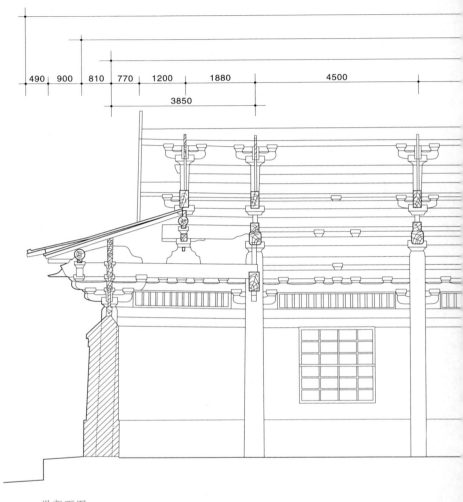

490 | 900 | 810 | 770 | 1200 | 1880 | 4500

3850

纵断面图

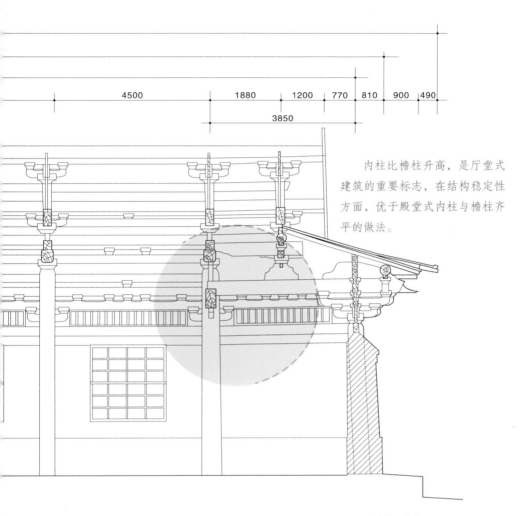

4500　　　1880　　1200　770　810　900　490

3850

内柱比檐柱升高，是厅堂式
建筑的重要标志，在结构稳定性
方面，优于殿堂式内柱与檐柱齐
平的做法。

单位：毫米

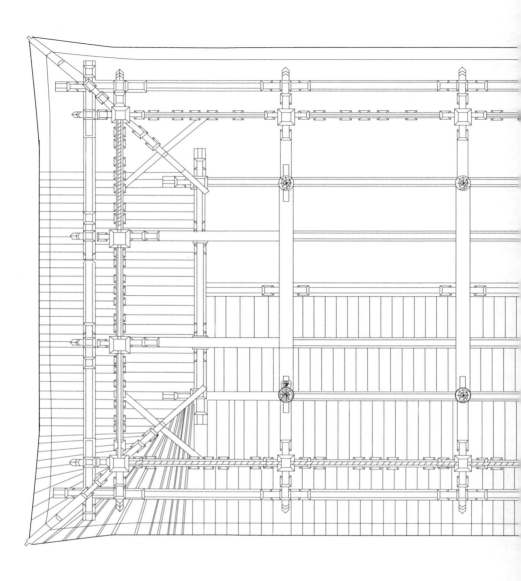

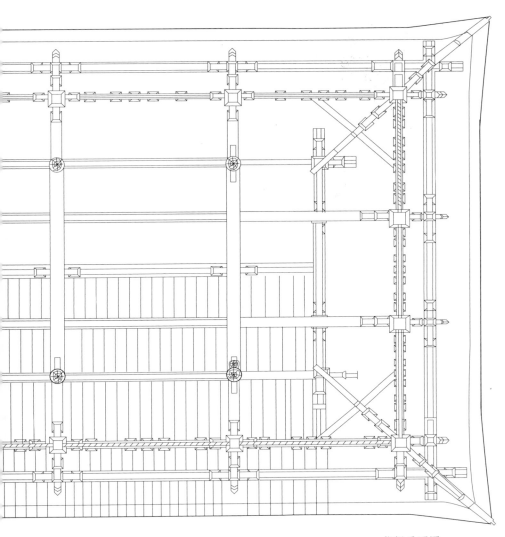

仰视平面图

内柱与檐柱

五、柱子

大成殿柱子分檐柱和内柱两种，共 24 根。檐柱直径为 43 厘米，相当于 2.5 倍材宽，高 411 厘米，径与高之比为 1：9.56。柱头直径为 36~38 厘米。大部分有柱头卷杀，部分为后期更换。柱头只有阑额，不施普拍枋。内柱共 8 根，当心间 4 根，直径 50 厘米；次间前后槽柱子，直径为 42 厘米，但在前槽内柱里侧另加附柱 1 根，疑似为后世所加。两山面檐柱侧脚 9 厘米，为柱高的 1/50。

计算古建筑柱子的高度与柱径的比例，是判断现存古建筑时代的依据之一，比如唐辽时期建筑的柱子高径比为 9：1 或 8：1；宋金元时期，其檐柱高径比保留此比例，但内柱发生了变化，大约为 11：1 至 14：1 的修长比例；明清时期柱子多为 10：1。

六、斗栱

转角斗栱

檐部铺作分为柱头斗栱及转角斗栱两种。华栱材宽为 20 厘米，较《营造法式》中规定的一等材略大一些。至于材高，足材为 36 厘米，单材为 25 厘米，栔为 11 厘米，铺作总高为 125 厘米。柱头斗栱外转为五铺作双杪偷心造，内前后槽里转内跳为四铺作单杪偷心造，两山山柱为五铺作双杪偷心造。柱头外转第二跳华栱上施令栱与耍头相交，其耍头形制在其他建筑中少见，其上为撩风槫和随檩枋。

相对于单材而言，足材即单材加栔的尺寸，是《营造法式》规定的最大计算单位。单材广 15 分，栔广 6 分，共 21 分。故此足材又称"一材一栔"，其意义在于快速计算构件尺寸。如华栱广为一足材，便可知华栱的高为 21 分，再看华栱属于八等材中的哪种等级，便可知华栱的具体尺寸。

柱头斗栱

五代木构建筑　正定文庙大成殿

此组斗栱似乎尚存有齐心斗。

耍头位失去齐心斗，显然是在早期建筑基础上进行了修缮。

正心散斗与素方的结合

后人在丁华抹颏栱的位置上换成如此形式的构件。

补间位置设散斗于素方，无跳栱。

枋间置散斗，为早期木构的共同特色。

45° 转角斗栱

此处耍头与唐五代其他建
筑设置不同，并无齐心斗，疑
为明清时更换。

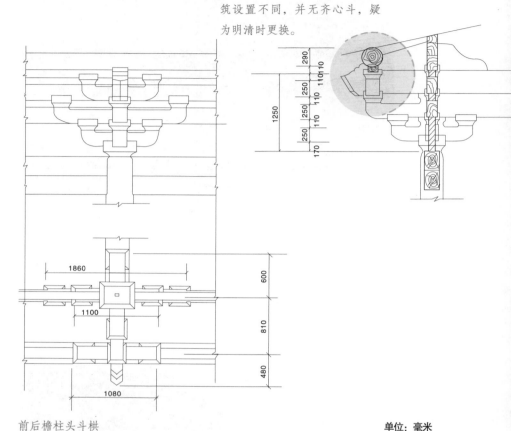

前后檐柱头斗栱

单位：毫米

扫码获取
☆ 高 清 大 图
☆ 知 识 测 试
☆ 建 筑 课 程
☆ 建 筑 赏 析

转角斗栱自外檐出二跳华栱，其上施由昂；与由昂相交的令栱做成鸳鸯交手栱，正身栱出蚂蚱头耍头设齐心斗，里转均为五跳偷心；三、四跳栱头不设小斗，第四跳华栱与抹角栱相交，第五跳栱头承托纵向与横向的槫与襻间枋。

补间位置只有柱头枋，柱与柱之间没有内外跳的栱，只在柱头枋上隐刻出栱瓣，枋与枋间用小散斗相隔。

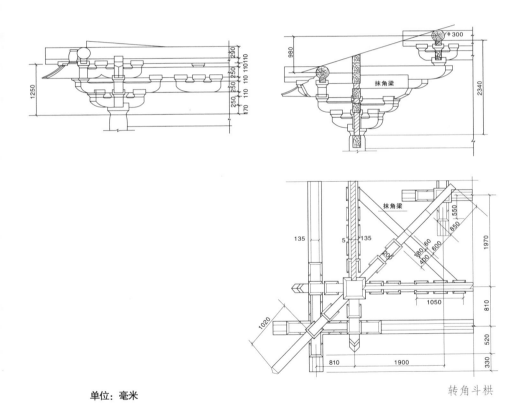

单位：毫米

转角斗栱

七、构造特点

大成殿前的月台宽广低矮。其平面柱网布局采用移柱造做法，将两排内柱由中心各向外移动 174 厘米，与山柱不在同一柱缝上，增大了内槽礼佛空间。两侧及后部墙体厚近 1 米，墙身分三段组成，增加了建筑的稳定性。

殿内柱子直径较大，柱头有卷杀，有侧脚与生起。梁架简约疏朗，用四椽栿对劄牵的做法；脊部用斗子蜀柱、叉手及襻间支撑，举折平缓，出檐深远；檐柱之间用粗大的阑额相连，且不出头，柱头之间不用普拍枋。

铺作用材较大，做法简洁，只在柱头与转角处各设铺作 1 朵；补间不设铺作，只在柱头枋上隐刻出栱瓣。在敦煌石窟早期壁画中曾经出现过这种做法，但实例较少。

此大殿的装修部分在修缮前改动较大，经实测均为隔扇门窗，失去早期特征，但其后檐的栱眼壁位置安装睒电窗，却是其他建筑所罕有的。

睒电窗是《营造法式》小木作制度中的一种木窗形式，出现于隋代，但未能流传，大成殿的睒电窗实为罕见。据文献记载，隋炀帝曾命工匠造观文殿，此殿所用窗式便是最早的睒电窗。

以上建筑构造特点说明，正定文庙大成殿具有明显的五代时期的建筑特征。经过一千多年的风雨，大殿还能比较完整地保留至今，难能可贵。它是国内现存文庙大成殿中最早的一座，对于研究中国古代建筑历史具有重要意义。

赏木构建筑
品先贤智慧

本书配套

高清大图

随时查看本书精美图片

知识拓展

知识测试

你对古代建筑知识了解多少？

建筑课程

在线学习中国传统建筑文化

建筑赏析

赏析古代建筑，感受先人智慧

学习助手

读书笔记 | 交流社群

扫码添加
智能阅读向导

图书在版编目（CIP）数据

五代木构建筑 / 李剑平，王永先著 . — 太原：山西科学技术出版社，2023.12
ISBN 978-7-5377-6190-1

Ⅰ.①五… Ⅱ.①李…②王… Ⅲ.①木结构—古建筑—中国—五代（907—960）Ⅳ.①TU-092.431

中国版本图书馆 CIP 数据核字（2022）第 090735 号

五代木构建筑
WUDAI MUGOU JIANZHU

出 版 人	阎文凯	
著　　者	李剑平　王永先	
责 任 编 辑	张家麟	
封 面 设 计	王利锋	

出 版 发 行　山西出版传媒集团·山西科学技术出版社
地址：太原市建设南路 21 号　邮编　030012
编辑部电话　0351-4922063
发行部电话　0351-4922121
经　　销　各地新华书店
印　　刷　山西人民印刷有限责任公司

开　　本	787mm×1092mm　1/16	
印　　张	14	
字　　数	160 千字	
版　　次	2023 年 12 月第 1 版	
印　　次	2023 年 12 月山西第 1 次印刷	
书　　号	ISBN 978-7-5377-6190-1	
定　　价	138.00 元